BASES DA REGULAÇÃO GÊNICA

IMPACTO NO UNIVERSO DAS CIÊNCIAS BIOLÓGICAS

Catalogação na Fonte
Elaborado por: Josefina A. S. Guedes
Bibliotecária CRB 9/870

B583b
2024

Bicudo, Hermione Elly Melara de Campos
Bases da regulação gênica: impacto no universo das ciências biológicas/ Hermione Elly Melara de Campos Bicudo.
1. ed. – Curitiba: Appris, 2024.
233 p. : il ; 16 x 23 cm. – (Ensino de Ciências).

Inclui referências
ISBN 978-65-250-5906-8

1. DNA. 2. Vias de regulação. 3. Função gênica e saúde. 4. Biologia molecular. I. Bicudo, Hermione Elly Melara de Campos. II. Título. III. Série.

CDD – 572 86

Livro de acordo com a normalização técnica da ABNT

Editora e Livraria Appris Ltda.
Av. Manoel Ribas, 2265 – Mercês
Curitiba/PR – CEP: 80810-002
Tel. (41) 3156 - 4731
www.editoraappris.com.br

Printed in Brazil
Impresso no Brasil

Hermione Elly Melara de Campos Bicudo

BASES DA REGULAÇÃO GÊNICA

IMPACTO NO UNIVERSO DAS CIÊNCIAS BIOLÓGICAS

Dedico este livro a meus pais, André e Ottília (in memoriam)*, que sempre me deram muito amor, mas, acima de tudo, deram os primeiros passos no caminho de minha realização profissional, quando, na década de 50 enfrentaram as duras críticas de amigos e familiares, por permitirem que eu fosse morar em São Paulo para cursar História Natural na USP. Na época, essa "ousadia" ainda não era permitida às "moças de família" do interior. A eles, meu eterno reconhecimento.*

Simplesmente, VIDA

A natureza me encanta, com todos os seus contrastes.
Da complexidade da rosa à singeleza da flor
que nasce no meio da grama e a gente pisa sem ver.
Dos pássaros elegantes, com asas de arco-íris, planando alto nos céus,
aos pequenos tico-ticos, saltitantes pelo chão, em busca do que comer.
Cores, formas, jeitos de viver, tudo é tão esplêndido
na diversidade dos seres que nos rodeiam!
Presente de Deus para quem para pra ver...
Encanta-me mais, porém, aquilo que não se vê,
mas, no fundo, é o que comanda essa beleza infinita dos seres na natureza...
No mais profundo silêncio das células de cada um, fantástica agitação nos acolhe.
São processos, mecanismos que, sob exigências da vida,
constroem e desconstroem substâncias, estruturas...
sempre na medida certa, num propósito definido, sempre alertas para o bem.
Nesse minúsculo espaço, no âmago de cada ser, um mundo novo aparece...
MECANISMOS DE REGULAÇÃO GÊNICA, outra visão do universo...

Hermione Bicudo
Setembro, 2023

SUMÁRIO

INTRODUÇÃO GERAL[1]

Os organismos são formados por células. Estas são suas unidades estruturais e fisiológicas, significando que, no seu interior, processam-se os fenômenos básicos que mantêm os seres vivos. A estrutura da célula permite diferenciar os seres vivos em dois grupos de complexidade morfofisiológica bastante diferenciada: os procariotos (ou procariontes) e os eucariotos (ou eucariontes). O grupo dos eucariotos, o mais complexo e no qual o ser humano se insere, será objeto do enfoque principal nos textos que compõem o presente trabalho.

Os eucariotos são organismos cujas células apresentam, no seu interior, uma região denominada núcleo. Este é envolto por uma membrana que o separa do conteúdo celular restante, denominado citoplasma. Nesse núcleo permanece guardada, como joia valiosa em um cofre, a substância mais incrível que nos é dada a conhecer, o Ácido Desoxirribonucl*eico* (abreviadamente DNA, em inglês, ou ADN em português). Ele é, simplesmente, o elemento básico responsável pela existência, continuidade e variabilidade da vida na face da terra. Não que ele possa colocar isto em prática sozinho. É necessária a atuação de um aparelhamento complexo, desenvolvido para manipulá-lo e regular seu funcionamento, mas, fundamentalmente, tudo ocorre na dependência de suas "determinações".

A base de atuação do DNA está em sua estrutura em forma de código. Nesse código, a que se chama *código genético*, residem as instruções que se concretizarão nos aspectos morfológicos e fisiológicos próprios de cada organismo. Durante todo o tempo, o DNA permanece no núcleo da célula, mas "delega" a elementos intermediários, a tarefa de viabilizar suas instruções fora desse local. Dessa intermediação resulta, no final, a *tradução* de seus códigos que são convertidos em proteínas com funções específicas, essenciais aos seres vivos.

A proteína é, em última análise, quem executa as ordens contidas no código do DNA. Ela entra na composição de todas ou quase todas as estruturas celulares e, na forma de enzimas, catalisa a infinidade de reações químicas que nelas ocorrem. O *start* das funções do DNA, que ocorrem no núcleo da célula, bem como seu desenrolar até a produção da proteína funcional, no citoplasma, e mesmo depois, no local onde será utilizada,

[1] **NOTA DA AUTORA:** todos os esquemas foram elaborados pela autora. Os que foram inspirados em um trabalho específico, bem como a origem das fotos utilizadas, estão mencionados na legenda. Os demais esquemas foram baseados nos conhecimentos gerais, constantes da literatura

dependem da atuação de mecanismos denominados *mecanismos de regulação da expressão gênica* ou *mecanismos de regulação gênica* (MRGs).

Os MRGs não só atuam para viabilizar a expressão do código genético que se traduz na produção das proteínas, mas também exercem, ao longo de todo esse trajeto, uma função de "vigilância" em relação a tudo o que nele ocorre. Essa vigilância mobiliza processos que detectam erros ou desvios da expressão do código genético e buscam corrigi-los, de modo a impedir que produtos finais inadequados, isto é, proteínas anormais, causem anomalias aos seus portadores. Não só a qualidade, mas também a quantidade da proteína a ser produzida deve ser controlada para que esteja disponível em nível adequado, nos diferentes momentos da vida celular.

Saber que os MRGs existem e quais são seus efeitos já é causa de admiração, mas saber como se desenrolam suas atividades é ainda mais emocionante. É para conhecer um pouco desse universo fantástico que eu convido os interessados a realizar comigo a pequena incursão contida nestes textos. Neles, estão reportadas diversas vias de atuação dos MRGs. No seu conjunto, são mecanismos que "manipulam" o material genético de modo a prover as necessidades e encarar os desafios que as células enfrentam, no dia a dia, tornando sua estrutura eficiente, econômica e adequada à preservação da vida. Ao penetrar nesse minimundo, vamos nos deparar com uma multiplicidade de processos inimagináveis que se mostram muitas vezes simples na ideia, mas complexos na execução, desenvolvidos para realizar funções específicas ou para o enfrentamento de problemas que nele podem ocorrer.

Vejo o estudo dos MRGs como uma espécie de aventura que vai desvendando processos e mostrando soluções inesperadas que ocorrem no universo microscópico da célula. Cada uma de nossas células (e das células dos demais organismos) é um laboratório de atividade intensa e contínua. São tantos os deslocamentos de moléculas e as reações químicas que ocorrem, simultaneamente, no seu interior, e a uma velocidade incrível, que é de admirar que seja relativamente baixa, a frequência dos "acidentes" graves, observados no desenvolvimento dos organismos ou no dia a dia da atividade celular. É nesse ambiente vibrante e veloz que os MRGs exercem suas funções e são eles, em grande parte, os responsáveis por essa "segurança" das funções celulares.

Conhecer pelo menos as bases da atuação dos MRGs é, hoje, de grande interesse para quem atua em profissões da área biológica e, em alguns casos, até fora dela. Isto porque, além de sua importância intrínseca, eles estão contribuindo de forma crescente para usos muito importantes, em diversas áreas do conhecimento. É no nível da regulação gênica que a área de saúde vem buscando conhecer a origem de diversas doenças humanas e sua cura, que a agronomia vem resolvendo problemas de seleção e produção de alimentos e a nanotecnologia vem se beneficiando com a construção de processos e equipamentos artificiais cuja aplicação é valiosa. Diante disso e do fato de eu ter ministrado disciplina sobre esse assunto, durante vários anos, em cursos de graduação e pós-graduação, na Universidade Estadual Paulista Júlio de Mesquita Filho (UNESP), Campus de São José do Rio Preto, surgiu meu desejo de redigir e publicar estes textos, visando a fornecer, aos eventualmente interessados, de forma reunida e resumida e, dentro do possível, simplificada, informações que facilitem tomar contato com um conjunto dos MRGs básicos.

Como eu disse anteriormente, só o conhecimento da existência dos MRGs e suas atividades já é motivo de admiração, porém, saber como se desenrolam essas atividades é algo ainda mais surpreendente. Por isso, ao apresentar os dados referentes a cada mecanismo, muitas vezes me alonguei em detalhes que talvez não sejam de interesse dos leitores, em um ou outro capítulo. Deixo, a eles, a decisão de excluir ou não, esses trechos, de sua leitura.

Os leitores verão, ainda, que utilizo, para muitos processos, a nomenclatura em inglês ou uma mistura dos nomes em inglês e português porque, isto, ocorre no dia a dia dos que atuam na área. A bibliografia apresentada no final dos capítulos pode levar a outras publicações, muitas das quais disponíveis na internet e, assim, é possível aprofundar o conhecimento dos diferentes aspectos, se assim o leitor desejar. A grande predominância ou mesmo totalidade de artigos em inglês constantes da bibliografia decorre de que essa é a língua em que, atualmente, são publicados os resultados de pesquisas em todo o mundo, visando à sua mais ampla divulgação. As ilustrações utilizadas são esquemas simples, sem pretensões artísticas, apenas com objetivo de agilizar o entendimento de estruturas ou mecanismos.

A descoberta dos mecanismos de regulação gênica pode ser considerada recente (a partir da segunda metade do século XX), porém o conhecimento da maioria de seus processos e uma melhor visão de outros é ainda mais recente (a partir do final do século XX e início do atual). Por isso, há ainda, na área, muita carência de conhecimentos. Por exemplo, o funcionamento de muitos processos ainda é apresentado sob a forma de "modelo" a ser comprovado, o que permite prever, com base nessa e em muitas outras dificuldades, que seu conhecimento, mais aprofundado, ainda poderá demandar um tempo muito maior de pesquisas. É, porém, pensamento geral dos profissionais da área que, como tem ocorrido até agora, frequentemente, os MRGs continuarão a nos "presentear" com informações capazes de impactar o mundo da ciência.

Na Figura 1, o esquema simplificado de uma célula mostra as organelas citoplasmáticas que desempenham funções celulares essenciais e têm exigências específicas para isto, todas de alguma forma ou de várias formas, dependentes da atuação dos MRGs. "Ele", "sua majestade" o DNA, permanece no núcleo com seu código do qual tudo depende, a partir do qual a vida se desenrola.

Figura 1. Esquema simplificado de uma célula, apresentando suas principais estruturas, as quais respondem pela maior parte das atividades básicas que nela ocorrem. No *núcleo* fica o DNA que serve de molde para a produção de RNAs. No citoplasma assinalamos: (1). O *retículo endoplasmático*, nas suas duas formas: liso (sem ribossomos na superfície) e rugoso (com ribossomos na superfície), sendo este último um dos locais onde ocorre a produção de *proteínas* (2) Os *ribossomos*, envolvidos na produção de proteínas; (3). As *mitocôndrias*, responsáveis pela produção de energia; (4). Os *lisossomos*, ricos em enzimas, que são locais de degradação de substâncias e estruturas para diferentes fins; (5). *Vesículas* (numerosas), relacionadas com diferentes funções, uma das quais é a liberação de substâncias (vesículas secretoras); (6). *Complexo de Golgi*, que é responsável por armazenar, transportar e exportar substâncias, como as contidas nas *vesículas secretoras*. A célula é envolta, externamente, pela *membrana citoplasmática*, através da qual ocorrem trocas com o meio externo.

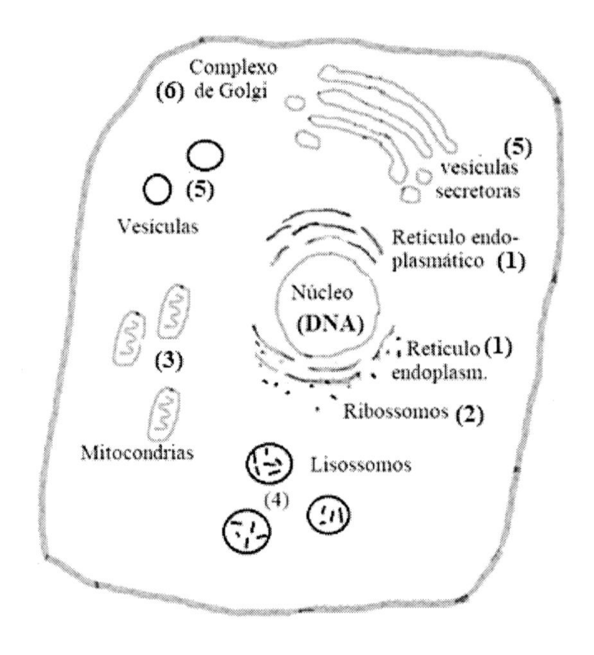

Capítulo 1

PEQUENO HISTÓRICO DA DESCOBERTA DOS MRGs (DESVENDANDO UM UNIVERSO SURPREENDENTE)

1.1 Introdução

O avanço do conhecimento científico, em qualquer área, é geralmente resultante da soma de informações obtidas por vários pesquisadores, no decorrer do tempo, juntamente com o desenvolvimento de novas técnicas e de equipamentos mais eficientes. A descoberta da existência dos mecanismos de regulação gênica (MRGs) e seu funcionamento que vem sendo desvendado, aos poucos, não têm fugido a essa regra.

1.2 Um problema: em busca da solução

O que já se sabia, acumuladamente sobre Biologia, em meados do século XX, permitia que os pesquisadores se preocupassem com uma questão importante, cujas premissas principais eram as seguintes: (1) todas as células somáticas de um organismo pluricelular, isto é, todas as células de seu corpo, são derivadas, por divisões consecutivas de uma célula inicial que é a célula-ovo ou zigoto, resultante da união do óvulo com o espermatozoide; (2) esse processo de divisão, denominado mitose, gera sempre duas células iguais entre si e iguais à que lhes deu origem. Essas duas afirmativas levavam à conclusão de que todas as células do corpo de um organismo pluricelular têm o mesmo conteúdo genético.

Com base nessa conclusão, a questão que se colocava era a seguinte: se as células de um organismo são todas iguais, geneticamente, como explicar sua heterogeneidade morfológica e funcional? Como explicar a existência de células musculares com sua capacidade de contração, células nervosas com sua capacidade de transmitir impulsos, células glandulares sintetizando e exportando hormônios e assim por diante?

1.3 O *Operon Lac* dos procariotos "acendeu uma luz"

A ideia que se materializava em relação à questão exposta era a de que, nas células de diferentes órgãos e tecidos, funcionariam genes diferentes, isto é, embora todas tivessem os mesmos genes, em cada tecido funcionariam apenas os genes que estivessem ligados às suas necessidades específicas. O reforço para essa ideia vinha de várias fontes, como os estudos realizados com a bactéria *Escherichia coli*, que é um organismo unicelular (formado por uma só célula) e procarioto (a célula não contém um núcleo que isole, do citoplasma, o material genético; reiteramos que a presença do núcleo é o que caracteriza as células dos eucariotos). A *E. coli*, além de ser unicelular, tem um único cromossomo, que é circular e no qual há um conjunto de genes denominado *Operon Lac*. O termo *operon* é utilizado para designar um grupo de genes que atuam em um mesmo processo biológico, são ativados em conjunto e trabalham de forma integrada. O *Operon Lac* é formado por três genes produtores de enzimas que funcionam no metabolismo da *lactose*, utilizada como fonte de energia por essa e outras bactérias.

Há sistemas biológicos, isto é, processos, em que as enzimas são produzidas continuamente e, neste caso, elas são denominadas *enzimas constitutivas*. No sistema *Operon Lac*, os pesquisadores detectaram a existência de *enzimas induzíveis*, isto é, enzimas que são produzidas apenas quando seu substrato, no caso a *lactose*, está presente no meio de cultura e as células estão precisando de energia.

Os três genes que compõem o *Operon Lac* são denominados *lacZ, lacY* e *lacA*. Eles são ativados, conjuntamente, para produzir três enzimas que são designadas pelos mesmos nomes dos genes: lacZ, lacY e lacA. As três participam do metabolismo da lactose: lacZ *é a beta-galactosidase*, que quebra a lactose em açucares simples (monossacarídeos), lacY é a *permease*, que produz um transportador de membrana que ajuda a lactose a entrar na célula para ser desdobrada, e lac A é a *transacetilase*, que também está ligada ao processo.

A Figura 1.1 mostra, em um esquema básico, como o sistema *Operon Lac* funciona. Nele atuam, além dos três genes *Z, Y, A*, os seguintes elementos: outro gene denominado *regulador*, mais duas outras regiões do cromossomo, denominadas *promotor* e *operador* e a enzima RNA polimerase. O *operador* é a região que coordena a atuação dos três genes. Quando no meio de cultura da bactéria não há lactose, o sistema permanece *desligado*, isto é, as três enzimas determinadas pelos genes *Z, Y, A* não são produzidas. Isto acontece porque, na ausência da lactose, o gene *regulador* produz uma proteína chamada *repressor* que se liga ao *operador*, dessa forma bloqueando a passagem da enzima RNA polimerase para percorrer a extensão dos genes. Essa enzima deve ligar-se ao *promotor* e "atravessar" a extensão do *operador* para "ler" o código dos genes *Z, Y, A* e produzir um RNA mensageiro, intermediário, que depois é traduzido, produzindo as três proteínas correspondentes aos genes. Nas condições bloqueadoras, as enzimas não são produzidas.

Figura 1.1 Esquema de um trecho do cromossomo da bactéria *Escherichia coli*, mostrando os elementos que compõem o *Operon lac*, que são: três genes (Z, Y, A) produtores das enzimas que atuam no metabolismo da lactose, a região promotora ou promotor, o operador e o gene regulador. Na ausência de lactose no meio de cultura (situação 1), o gene regulador produz a proteína repressora (PR) que se liga ao operador. Dessa forma, a RNA polimerase, que está ligada ao promotor (representada pela estrela), fica impedida de chegar aos genes e realizar sua leitura para produção das enzimas Z, Y, A. Quando a lactose (representada pelos círculos) está presente no meio (situação 2), a alolactose, que está também presente, penetra na bactéria e se liga à proteína repressora, inativando-a e deixando o acesso livre para a RNA polimerase passar e produzir as três enzimas. Nesse caso, as três enzimas têm sua produção *induzida* pela presença da lactose, que é desdobrada por elas no interior da célula, liberando a energia necessária à *E. coli*.

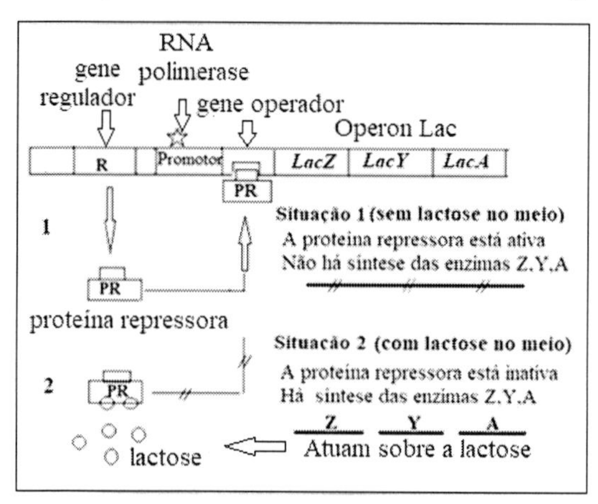

Na verdade, o sistema é um pouco mais complexo do que o descrito aqui, mas essas informações são suficientes para entendimento desta via de controle que gera "economia" celular, pois a produção dessas enzimas só ocorre se houver o açúcar para ser metabolizado.

Os achados sobre o mecanismo do *Operon Lac* deram a François Jacob e Jacques Monod o prêmio Nobel de Medicina, em 1965. O *Operon Lac* é considerado o primeiro caso descrito de regulação gênica, tendo lançado as bases para o desenvolvimento da biologia molecular moderna.

1.4 Os eucariotos também contribuíram: os pufes em insetos

Naquela época (meados do século passado), uma abordagem do tipo feito para estudo da *E. coli*, um procarioto, não seria exequível nos eucariotos. As técnicas disponíveis eram ainda incipientes para a alta complexidade genética desses organismos quando comparados às bactérias, que são portadoras de um só cromossomo, formado de uma única molécula de DNA. Porém, já havia, também nos eucariotos, fortes indicações quanto à existência de mecanismos para *ligar* e *desligar* genes, atendendo às necessidades de suas células. Um exemplo dessas indicações havia sido encontrado em estudos dos *pufes* em *cromossomos politênicos* de moscas pertencentes a dois gêneros: *Drosophila* e *Rhynchosciara*. Os cromossomos politênicos são cromossomos muito maiores do que os mitóticos devido à sua formação: um feixe de centenas de filamentos (cromátides irmãs) que permanecem unidos lateralmente, o que justifica chamá-los, também, de *cromossomos gigantes*. São encontrados, principalmente, nas glândulas salivares, no aparelho digestivo e no tecido gorduroso das larvas das moscas mencionadas. Logo no início de sua descoberta, verificou-se que esses cromossomos, quando observados ao microscópio ótico, mostravam, ao longo de seu comprimento, faixas horizontais que foram denominadas *bandas* e onde se supôs que os genes se localizariam. Verificou-se ainda que algumas das bandas apresentavam, às vezes, um aumento, tanto em diâmetro como em comprimento, e apresentavam um aspecto difuso que poderia ser decorrente de um afrouxamento dos filamentos naquelas faixas. Devido à sua aparência, essas faixas foram denominadas *pufes*.

Quando os cromossomos gigantes dos diferentes órgãos (por exemplo, glândulas salivares e tecido gorduroso) de uma espécie dessas moscas eram analisados ao microscópio ótico, verificava-se, em *larvas de mesma idade*, que o padrão de localização dos pufes nos cromossomos diferia entre os órgãos, mas se mantinha constante para o mesmo órgão, em todas as larvas de mesma idade. Entre larvas de idades diferentes, os padrões de um mesmo órgão diferiam, mas continuavam mostrando um padrão fixo para cada idade. Isto levava a suspeitar de que havia uma forma de regulação da atividade dos genes das larvas em função da fase do desenvolvimento.

O uso de uma técnica especial que envolve a aplicação de um marcador radioativo denominado uridina tritiada reforçou a ideia já existente. Esse marcador cora o RNA, que aparece na lâmina histológica sob a forma de granulação negra. As pesquisas mostravam granulação mais intensa nas regiões de pufes, especialmente em pufes maiores.

No geral, a explicação óbvia para essas observações, desde o início, parecia ser que, em cada espécie desses insetos, existe um mecanismo de controle com a função de "ligar" e "desligar" os genes, seguindo um padrão característico para cada órgão, variável ao longo do tempo. Aos poucos, essas suposições foram confirmadas. Nos cromossomos politênicos, localizados no núcleo das células, as *bandas* são o local dos genes, os *pufes* são decorrentes da ativação dos genes das bandas para produzir RNA que depois servirá de molde para a síntese de proteínas, no citoplasma. A variação da localização das bandas ativadas, no tempo, significa ação gênica controlada por MRGs, em obediência ao programa de desenvolvimento do organismo: diferentes proteínas são necessárias ao longo do processo.

A Figura 1.2. mostra um mesmo segmento de cromossomo politênico de larvas de *Rhynchosciara angelae*, em dois períodos do desenvolvimento. As larvas que apresentam a banda A eram seis dias mais novas do que as que apresentam o pufe B, na mesma banda de A. O pufe B', além de ser muito maior, do que A', quando se usou a uridina tritiada para marcar o RNA, ela o fez bem mais intensamente em B' do que em A'. No presente caso, como a espécie é a mesma e o órgão também, diferindo apenas na idade, temos um reforço da indicação de que, na fase de desenvolvimento da larva mais velha está ocorrendo maior atividade de síntese de RNA, por necessidade do organismo.

Figura 1.2 Estas fotos mostram um trecho de um cromossomo politênico de larvas de *Rhynchosciara angelae*, onde se vê a mesma banda (faixa transversal), analisada em larvas de diferentes idades. As que têm a banda A são seis dias mais novas que as que apresentam a banda B. Nesta banda, observa-se nitidamente um pufe, que é tido como local de síntese intensa. O uso de técnica com incorporação de uridina tritiada confirma que a atividade de síntese é bem maior no pufe B, da larva mais velha. A diferença sintética desse pufe, em larvas com idades diferentes, é um fenômeno decorrente da atuação dos MRGs, em resposta às necessidades celulares variáveis durante o desenvolvimento (adaptado de Ficq e Pavan, 1957).

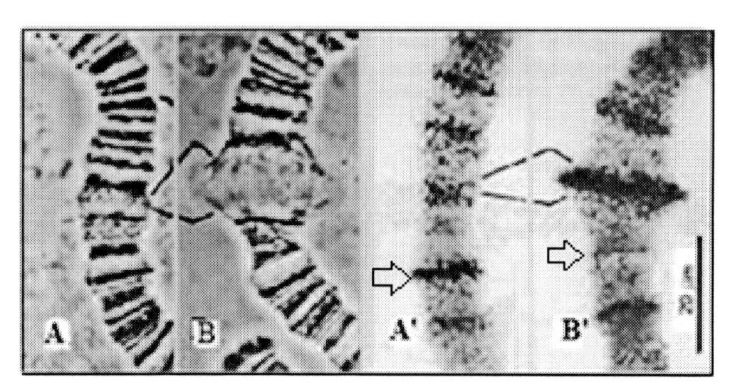

O Brasil teve uma participação significativa nas descobertas relativas aos cromossomos gigantes, através da equipe do doutor Crodowaldo Pavan (Universidade de São Paulo, São Paulo).

Demorou algum tempo, mas enfim, os pesquisadores confirmaram a suspeita de que a heterogeneidade celular dos organismos pluricelulares é resultado da *ativação* (*turn on*) ou *repressão* (*turn off*) de genes que produzem as diferentes proteínas requeridas pelas células e que essa tarefa de ativá-los ou reprimi-los é desempenhada por outros genes aos quais foi dado o nome de *genes reguladores*. Os MRGs desempenham um papel fundamental durante toda a vida de um organismo, desde o início de seu desenvolvimento, a partir da célula-ovo, até sua morte. Os genes reguladores estabelecem *onde* (em que local ou tecido do organismo), *quando* (no tempo) e *quanto* dos produtos gênicos deve estar disponível para garantir o funcionamento normal do organismo como um todo.

1.5 Comentário

Os dois exemplos apresentados neste capítulo compuseram a base do conhecimento produzido, ao longo do tempo, sobre os MRGs e sua relevância. Na época em que esses trabalhos foram realizados, seria difícil antever a extensão e a profundidade do impacto sobre a vida e, mesmo, o futuro da humanidade que esses conhecimentos poderiam e podem trazer, paralelamente à possibilidade que criam de manipular reações que constituem a essência da vida. Hoje, no topo das intenções a esse respeito, estão a cura de doenças e outras aplicações específicas, principalmente em áreas biológicas. Várias já estão se tornando realidade e muitas mostram excelentes perspectivas.

1.6 Referências

FICQ, A.; PAVAN, C. Autoradiogaphy of polytene chromosomes of *Rhynchosciara angelae* at different stages of larval development. *Nature*, n. 180, p. 983-984, 1957.

JACOB, F.; MONOD, J. Genetic regulatory mechanisms in the synthesis of proteins. *J. Mol. Biol.*, v. 3, n. 3, p. 318-356, 1961. Disponível em: https://doi.org/10.1016/S0022-2836(61)80072-.

PINTO, C.; MELO-MIRANDA, R.; GORDO, I.; SOUSA, A. The Selective Advantage of the *lac* Operon for *Escherichia coliis* Conditional on Diet and Microbiota Composition. *Front. Microbiol.*, 21 July 2021. Disponível em: https://doi.org/10.3389/fmicb.2021.709259. Acesso em: 9 out. 2023.

SANGANERIA, T.; BORDONI, B. Genetics, Inducible Operon. *National Library of Medicine*. STATPEARLS. 17 out. 2022. Disponível em: https://www.ncbi.nlm.nih.gov/books/NBK564361/. Acesso em: 28 ago. 2023.

STORMO, B. M.; FOX, D. T. Politeny: still a giant player in chromosome research. *Chromosome Res*, v. 25, n. 3-4, p. 201-214, 2017. Disponível em: doi: 10.1007/s10577-017-9562-z. Acesso em: 17 jan. 2024.

WIKIPÉDIA. A Enciclopédia Livre. *Cromossomo Politênico*. Página editada em 21 ago. 2016. Disponível em: https://pt.wikipedia.org/wiki/Cromossomo_polit%C3%AAnico. Acesso em: 9 out. 2023.

Capítulo 2

ESTRUTURA E ORGANIZAÇÃO DA MOLÉCULA DE DNA (A ESTRUTURA DO DNA FAZ DELE UM DOCUMENTO DE IDENTIDADE INDIVIDUAL)

2.1 Introdução

Os estudos realizados em meados do século passado, envolvidos com o entendimento de como células, embora tendo o mesmo conteúdo genético, podem diferenciar-se nos mais variados tipos de tecidos presentes nos eucariotos, concluíram pela existência de mecanismos de regulação capazes de ativar diferentes genes em diferentes células e mesmo diferentes genes em momentos diferentes da vida de uma mesma célula. Dessa forma, cada um dos tipos celulares produzirá proteínas específicas que determinarão suas características peculiares.

Sabe-se, hoje, que a realização dessa ativação diferencial dos genes, que é proporcionada pelos MRGs, exige que estes reconheçam e interajam com elementos da estrutura do DNA, que é a substância da qual os genes são formados. Isto nos leva à necessidade de analisar, primeiramente, a organização e o funcionamento do material hereditário, para facilitar o entendimento dos processos de regulação. Assim, neste capítulo, focalizaremos a molécula do DNA e seus componentes.

2.2 A estrutura da molécula de DNA

A molécula do DNA é filamentar e esse filamento é composto de duas fitas ligadas entre si, formando uma espécie de *escada* da qual participam três tipos de substâncias (Figura 2.1). As *laterais* dessa escada são formadas por uma sequência de moléculas do açúcar denominado *ribose*, intercaladas por moléculas de *fosfato*. O fosfato faz a junção entre riboses vizinhas, ligando-se ao carbono 5' do anel de uma e ao carbono 3' do anel da seguinte. Essa ribose, por ser específica do DNA, é chamada *desoxirribose*. Os *degraus* da escada são formados pela junção de duas *bases nitrogenadas*, sendo que cada base se liga, por um lado, ao açúcar de uma *lateral* da escada e, pelo outro, liga-se à base nitrogenada vinda da outra *lateral*.

O açúcar e o fosfato não variam no DNA, mas as bases nitrogenadas podem ser de quatro tipos, sendo duas quimicamente classificadas como purinas, a *Adenina* e a *Guanina*, e duas classificadas como pirimidinas, a *Timina* e a *Citosina*; elas são representadas pelas letras iniciais de seus nomes: A, G, T e C, respectivamente. A união das bases nitrogenadas, que faz a ligação das duas laterais da escada formando o *degrau* da mesma, tem suas peculiaridades. Essa união tem que ocorrer, obrigatoriamente, entre uma Adenina e uma Timina ou entre uma Guanina e uma Citosina, isto é, A com T e G com C. Nos dois casos, a união é feita por ligações hidrogeniônicas, havendo duas ligações entre A e T e três entre C e G. Assim, se um segmento de uma das fitas (uma lateral da escada) tiver a sequência de bases A A C G T G C T, o mesmo segmento da outra fita que se une a este terá as bases T T G C A C G A. Por isso, diz-se que as duas fitas do DNA são *complementares* (Figura 2.1).

Figura 2.1 Esquema de um segmento de molécula de DNA, mostrando seus componentes e a forma como se associam. A molécula é constituída por dois filamentos interligados e apresenta um aspecto de "escada", cujas laterais são formadas por desoxirriboses (dr) e fosfatos (P), que se alternam. Cada degrau é formado por um par de bases nitrogenadas envolvendo G (guanina), C (citosina), T (timina) e A (adenina). Cada base do par se liga, por um lado, a uma lateral da escada e, pelo outro, liga-se à base vinda da outra lateral. A ligação das bases para formar os degraus ocorre, obrigatoriamente, entre A e T ou entre C e G com, respectivamente, duas e três ligações hidrogeniônicas. Em virtude dessa obrigatoriedade, diz-se que as duas laterais são complementares.

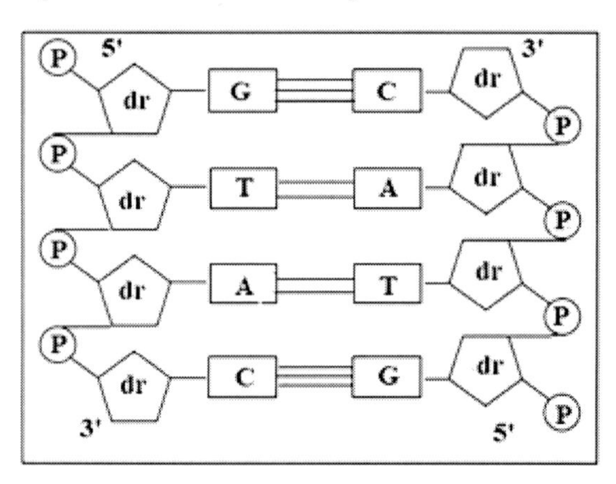

No DNA, cada conjunto formado por um fosfato, um açúcar e uma base nitrogenada é denominado *nucleotídeo* (Figura 2.2). Como cada fita da molécula de DNA é constituída por uma sequência de nucleotídeos emendados, recebe o nome de *cadeia polinucleotídica*. Devido a que, em uma fita, o primeiro nucleotídeo tem o grupo 5' livre e, na outra, o grupo livre do primeiro nucleotídeo é o 3', diz-se que elas são *antiparalelas*. Pode-se dizer que as duas fitas, embora corram lado a lado, apontam para direções opostas (Figuras 2.1 e 2.2).

Outra característica da molécula do DNA é que ela não é reta e sim enrolada como uma hélice, na qual se observam dois sulcos: um *sulco menor*, que se forma nos *degraus*, e um *sulco maior*, que se forma entre as voltas da hélice produzidas pelo enovelamento. A fórmula estrutural das bases também está presente na Figura 2.2.

Figura 2.2 Esquema mostrando, na sequência da esquerda para a direita: *fórmula estrutural* das quatro bases nitrogenadas que compõem a molécula de DNA: A, G = purinas; T, C = pirimidinas. Composição de um *nucleotídeo*: um fosfato, um açúcar e uma das quatro bases nitrogenadas. Segue-se o esquema de um segmento da molécula do DNA. Ela não é reta e sim enrolada helicoidalmente, formando *dois tipos de sulcos*: um maior entre as voltas da hélice (A) e um menor nos degraus das bases (B). As duas fitas da molécula são antiparalelas: 3'>5' e 5'>3'.

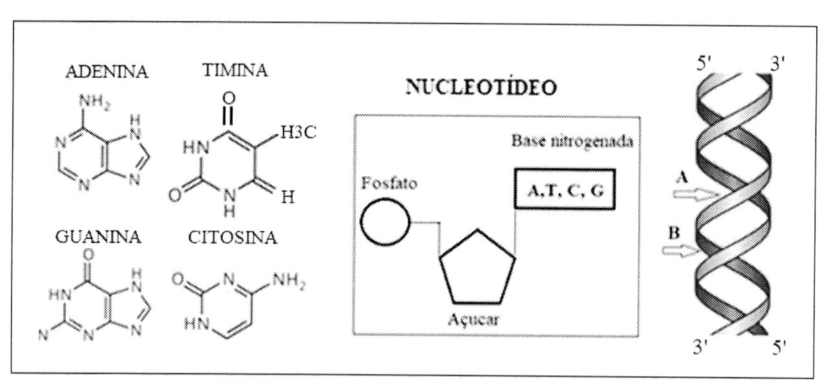

O número de nucleotídeos e a sequência com que nucleotídeos contendo diferentes bases nitrogenadas se dispõem ao longo da molécula do DNA, alternando-se e repetindo-se um número variável de vezes, permitem que seja formada uma infinidade de combinações. Tomemos por exemplo um segmento de DNA com cinco pares de nucleotídeos. Podemos ter, na sequência: 5 pares A-T ou 5 pares C-G; mas podemos ter 4 A-T e 1 C-G; 2 A-T e 3 C-G etc., e só com esse pequeno número de pares de bases já é possível obter uma grande variabilidade de combinações. Essas combinações, dotadas de variação na composição e sequência das bases, constituem os *códigos genéticos*, cuja "linguagem" se concretiza na produção de diferentes proteínas. Calcula-se, para o genoma humano, um total de 3,2 bilhões de pares de bases (pb) ou pares de nucleotídeos (nt), uma vez que cada nucleotídeo tem uma base em sua constituição. A possibilidade de produzir códigos diferentes com tão grande número de pares é imensa.

2.3 A organização da molécula de DNA: do DNA ao cromossomo

A molécula do DNA já se apresenta espiralizada originariamente, como vimos na Figura 2.2 e vemos abaixo, na Figura 2.3. Porém, no processo de divisão das células, que é essencial para o desenvolvimento do organismo e para reposição de células nos tecidos, essa molécula sofre, gradativamente, uma acentuada condensação que a encurta intensamente (Figura 2.3). No início da condensação, o DNA associa-se a proteínas *histonas* formando estruturas globulares, semelhantes a contas de um colar, que são denominadas *nucleossomos* (não confundir com *nucleotídeos*). Esse colar, que é denominado *polinucleossomo*, sofre agora outros ciclos de encurtamento ou enovelamento. Primeiro, o polinucleossomo se espiraliza, isto é, enrola-se helicoidalmente; em seguida, ele se dobra; depois nova espiralização e em seguida novo dobramento.

Figura 2.3. A, B. A. Esquema de um *nucleossomo*. O *core* ou *centro* desta estrutura é formado por duas cópias de cada uma das quatro histonas H2A, H2B, H3 e H4, compondo o chamado *octâmero de histonas*, que é envolto por 1,67 voltas de DNA (no esquema está representada apenas uma cópia de cada histona). H1 (ou H5) é a nona histona, denominada *ligante*, que prende as voltas do DNA pela parte externa, encurtando o *DNA ligador*, trecho do filamento de DNA entre dois nucleossomos vizinhos, aproximando-os. Essa aproximação é uma forma de aumentar a compactação. B. Aqui vemos novamente o DNA, na sua forma original e na forma de polinucleossomo, associado em seu comprimento com os octâmeros de histonas, dando início à sua condensação.

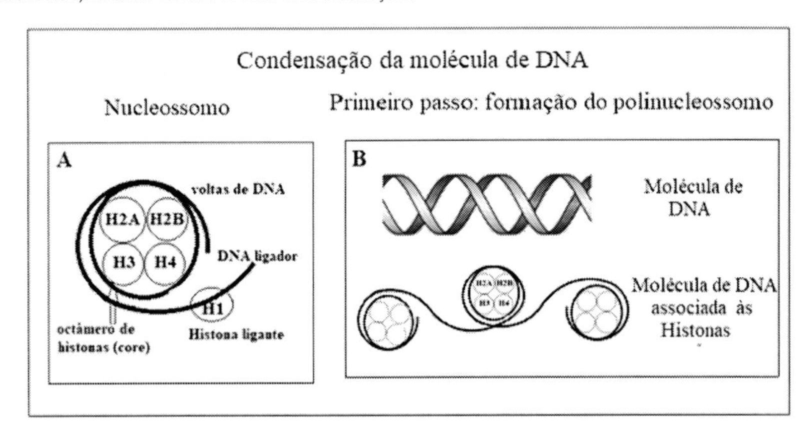

Assim, o encurtamento das longas moléculas de DNA que compõem os cromossomos dos organismos (cada cromossomo tem sua molécula), ocorre aos poucos, na medida em que o processo da divisão celular (mitose) vai avançando. O grau máximo de condensação do DNA é atingido na fase da mitose denominada metáfase e é exatamente nesse período que o grau de enovelamento do DNA atinge o formato estrutural denominado cromossomo.

Nessa fase, quando examinados ao microscópio de luz (ótico), os cromossomos apresentam o máximo de visibilidade, especialmente quando corados com corantes de DNA, em lâmina histológica. Geralmente, nessa fase, pode-se verificar nas células, com clareza, o número, a forma e o tamanho dos cromossomos das diferentes espécies de organismos. Os cromossomos metafásicos são, portanto, o produto final da compactação crescente da substância da hereditariedade, que ocorre ao longo do processo de divisão celular.

O enovelamento do DNA é um processo considerado extraordinário. Consta que todas as células de um ser humano, com seus 23 pares de cromossomos cada uma (22 pares de autossomos e um par de cromossomos sexuais), dispostos, em sequência, dariam, de comprimento, os cerca de 3,2 bilhões de pb, já mencionados, e permitiriam ir da Terra ao Sol mais de 300 vezes. Isso significa que temos uma enorme quantidade de DNA. Considerando só uma célula, o *comprimento do total de DNA*, antes do enovelamento, isto é, considerando o DNA dos 23 pares de cromossomos, em sequência, chega a ser superior a dois metros. Nos cromossomos metafásicos, em seu máximo de condensação, esse comprimento mostra uma redução de cerca de 10.000 vezes. Por curiosidade, para complementar esses dados, estimativas recentes dão, para o homem adulto, cerca de 37 trilhões de células e, para a mulher adulta, 28 trilhões. Porém, há quem fale em números muito maiores.

O enovelamento do DNA é fundamental na vida celular. Enovelado, ele permite a distribuição equitativa dos cromossomos para as células filhas no processo de divisão, o que seria impossível tendo que manipular dois metros de DNA desenovelado. Além disso, veremos, nos próximos capítulos deste texto, que o grau de empacotamento do DNA é um importante mecanismo de regulação da atividade gênica. A condensação do DNA, em alto grau, bloqueia o acesso de elementos ativadores da transcrição, impedindo, como consequência, que o gene produza proteína.

A variação do diâmetro do DNA, como consequência de sua condensação, é a seguinte:

1. O diâmetro do DNA antes da associação às histonas mede dois nanômetros (2 nm). O nanômetro é uma unidade de comprimento do sistema métrico que corresponde à milésima parte do micrômetro (μm) que, por sua vez, corresponde à milésima parte do milímetro (mm).
2. Quando está ligado às histonas, formando o filamento polinucleossômico, mostra 11 nm de diâmetro.
3. A seguir, ocorre o enrolamento helicoidal desse filamento polinucleossômico que, então, passa a 30 nm de diâmetro.
4. O passo seguinte envolve dobramentos, gerando um diâmetro de 300 nm.
5. Nova espiralização da estrutura dobrada produz um diâmetro de 700 nm.
6. Mais um enovelamento e se chega ao grau máximo de condensação, quando a estrutura cromatínica, já sob a forma de cromossomo metafásico, atinge o diâmetro de 1.400 nm.

2.4 Cromatina, eucromatina e heterocromatina

Cromatina é o nome dado ao DNA associado a proteínas (histonas e outras) que, no conjunto, constituem a substância fundamental do *cromossomo*. Uma das características da estrutura da cromatina é que, ao longo do cromossomo, seu grau de compactação não é uniforme. Pode estar mais frouxa, em algumas partes e mais apertada, em outras. Essas regiões mais, ou menos compactadas, recebem os nomes de *heterocromatina* e *eucromatina*, respectivamente. As regiões de heterocromatina podem ser mais destacadas visualmente, ao microscópio, quando se acrescenta um corante específico para DNA, como, por exemplo, a orceína, em uma lâmina histológica que contenha células em divisão. O DNA dessas regiões de heterocromatina cora-se mais fortemente do que nas regiões de eucromatina, exatamente porque, naquelas, o DNA está mais condensado.

A heterocromatina geralmente está presente nas regiões *pericentroméricas* dos cromossomos. Isto significa estar em torno do *centrômero* que é a região pela qual o cromossomo se liga ao fuso na anáfase da divisão celular; mas está, também, frequentemente, localizada nos *telômeros* (extremidades dos cromossomos) e nas regiões cromossômicas de formação do nucléolo, que são denominadas *regiões organizadoras nucleolares* (RONs).

A Figura 2.4 mostra dois cromossomos humanos (o menor e o maior do cariótipo formado por 23 pares, respectivamente, os cromossomos Y e o 1) e o cariótipo formado por três pares de cromossomos do mosquito transmissor da dengue e outras doenças, *Aedes aegypti*. Nos dois casos, são cromossomos metafásicos, com o máximo de condensação. Nesses cromossomos, que foram submetidos à coloração cromossômica denominada banda C, específica para heterocromatina, observa-se a localização desta. Nos dois casos, é intensa a presença da heterocromatina na região centromérica, onde ela se cora fortemente, embora nos cromossomos de *Aedes* haja também alguma marcação ao longo dos braços cromossômicos.

Figura 2.4 A, B. A. Localização da heterocromatina, intensamente corada, na região centromérica de cromossomos humanos, em metáfase mitótica. O cromossomo 1, na figura, é um dos membros do maior par de cromossomos do cariótipo humano e o Y, que faz par com o cromossomo X, é o menor do conjunto. B. Heterocromatina marcada no centrômero e ao longo dos braços cromossômicos no cariótipo de *Aedes aegypti*, o mosquito transmissor da dengue e outras doenças (agradeço às doutoras Maria Elizabete Silva e Rita de Cássia Souza, respectivamente, a cessão das fotos em 2.4 A e 2.4 B).

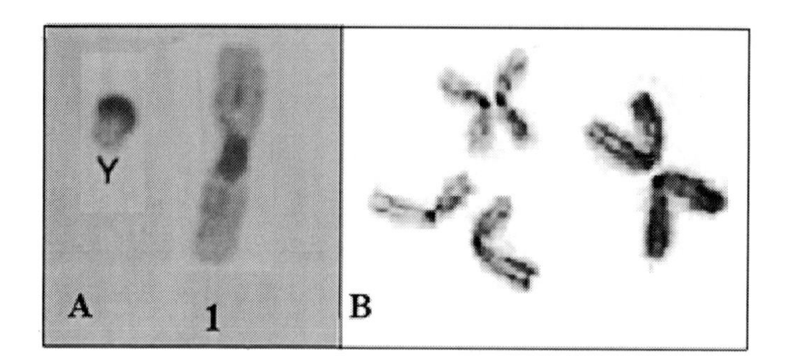

2.5 Heterocromatina facultativa e constitutiva

A heterocromatina ainda pode ser diferenciada em dois tipos, em função de sua capacidade ou incapacidade de reduzir seu estado de condensação; em outras palavras, sua capacidade de passar do estado condensado para o descondensado. Os dois tipos recebem os nomes de *heterocromatina facultativa* (fHC), dado ao que é capaz dessa flexibilização e de *heterocromatina constitutiva* (cHC), dado ao que não a apresenta. A cHC não é codificadora, isto é, não pode servir de molde para produzir proteína, mas exerce efeitos reguladores fundamentais.

2.6 Comentário

Este capítulo nos apresenta a personagem central do conteúdo deste livro, a fantástica substância da vida e da hereditariedade que é o Ácido desoxirribonucleico, mais conhecido como DNA. Sua estrutura molecular é simples: apenas três componentes, tendo um deles quatro variantes, mas é dotada da capacidade de construir códigos que lhe permitem envolver-se de forma essencial no desenvolvimento, na manutenção das necessidades vitais do dia a dia e nos fenômenos da hereditariedade, que, no conjunto, caracterizam os seres vivos. Uma estrutura dotada de uma engenhosidade tal que lhe permite produzir a imensa variabilidade de características que faz de cada indivíduo um ser único.

2.7 Referências

ANNUNZIATO, A. T. DNA Packaging: Nucleosomes and Chromatin. *Nature Education*, v. 1, n. 1, p. 26, 2008. Disponível em: https://www.nature.com/scitable/topicpage/dna-packaging-nucleosomes-and-chromatin-310/. Acesso em: 12 out. 2023.

CHEN, P.; LI, G. Dynamics of the higher-order structure of chromatin. *Protein & Cell*, v. 1, n. 11, p. 967-971, 2010. Free PMC article. Disponível em: DOI 10.1007/s13238-010-0130-y. Acesso em: 12 out. 2023.

PRAY, L. Discovery of DNA Structure and Function: Watson and Crick. *Nature Education*, v. 1, n. 1, p. 100, 2008. Disponível em: https://www.nature.com/scitable/topicpage/discovery-of-dna-structure-and-function-watson-397/. Acesso em: 12 out. 2023.

SIMPSON, B.; TUPPER, C.; ABOUD, N. M. A. Genetics, DNA Packaging. National Library of Medicine. StatPearls Publishing LLC. Last Update: May 29, 2023. Disponível em: https://www.ncbi.nlm.nih.gov/books/NBK534207/. Acesso em: 12 out. 2023.

TRAVERS, A.; MUSKHELISHVILI, G. DNA structure and function. *The FEBS Journal*, v. 282, n. 12, p. 2279-2295, 2015. Disponível em: https://doi.org/10.1111/febs.13307. Acesso em: 12 out. 2023.

Capítulo 3

AS FUNÇÕES DO DNA
(DO DNA À PROTEÍNA: A MAGIA DOS CÓDIGOS)

3.1 Introdução

O DNA é a substância responsável pela transmissão das características hereditárias, isto é, daquelas que passam de pais para filhos. Mais do que isso, vimos que o DNA é o elemento-chave da própria vida. As bases nitrogenadas que se organizam ao longo de sua molécula constituem um código que, muito adequadamente, tem sido denominado *código da vida*. Os tipos e sequências dessas bases compõem a *linguagem* que, em última instância, levará à produção de *proteínas*, essenciais à sobrevivência dos organismos. O total do material genético presente no núcleo das células de um organismo é chamado genoma.

3.2 Informações relativas ao DNA

3.2.1 A quantidade de DNA no genoma (Valor C)

Denomina-se *valor C* (em inglês, *C-value*) a quantidade de DNA contida em um núcleo de célula *haploide* (que tem apenas um lote completo de cromossomos, como é o gameta) ou a metade da quantidade contida em uma célula somática *diploide* (são as demais células do corpo de um organismo eucarioto, que têm os dois lotes de cromossomos originados, um do pai e um da mãe). A letra C, de *C-value*, foi supostamente usada com o significado de *constante* para indicar que a quantidade de DNA de uma determinada espécie ou raça de organismos não se modifica durante sua existência, mantendo-se como característica própria de cada uma. Hoje se sabe que há algumas exceções a essa regra, decorrentes de amplificações localizadas, do DNA.

As características *peso* e *volume* de substâncias ou estruturas da célula são valores extremamente pequenos e, assim, para referência a elas, utilizam-se unidades de valor muitíssimo baixo. O valor C é dado em *picogramas* (pg), uma unidade de peso equivalente a um milionésimo do micrograma

(10^{-12}g). O valor C pode, ainda, ser expresso em *mega* pares de bases ou megabases (1Mb=10^6 pares de bases), sendo que 1pg corresponde a 965Mb (965 milhões de pares de bases nitrogenadas).

O *valor C* é uma característica praticamente constante nos indivíduos de uma mesma espécie, mas é muito variável entre espécies, sendo que, entre os eucariotos, essa variação pode ser de até 80 mil vezes. Pensou-se, no início dos estudos desse assunto, que o valor C, por se referir à quantidade do material hereditário, acompanhasse sempre o aumento da complexidade dos organismos e, assim, o homem seria imbatível nesse aspecto, apresentando o maior valor. Porém, verificou-se que não há sempre uma relação direta entre os aspectos *quantidade de material genético* e *complexidade do organismo* e à essa discrepância foi dado o nome de *paradoxo ou enigma do valor C*. Entre muitos exemplos, citamos alguns *protistas* cujas células têm quantidades de DNA muito maiores que as células dos humanos. O reino Protista é um agrupamento de organismos eucariotos muito diversos, basicamente formados por uma única célula. Nele estão incluídos as algas e os protozoários.

3.2.2 Do DNA à proteína: o Dogma Central da Biologia Molecular

Em 1958, Francis Crick criou o que ele designou *Dogma Central da Biologia Molecular* para descrever, resumidamente, a passagem de "informações" que ocorre, entre o DNA e a proteína resultante de sua expressão. Denomina-se *dogma* um ponto fundamental de uma doutrina que é considerado indiscutivelmente certo. Inicialmente, o *Dogma Central da Biologia Molecular* só se referia à *transcrição* e à *tradução*, podendo ser entendido como: *DNA faz RNA* (transcrição) e *RNA faz proteína* (tradução), tendo como corolário: *um gene-uma proteína*, significando que cada gene é responsável pela síntese de uma só proteína.

O avanço do conhecimento ampliou as informações, fazendo com que esse Dogma também fosse ampliado. A Figura 3.1 mostra a relação de processos que atualmente estão nele contidos e sua interação, que é a seguinte: a partir do DNA, temos: (1) sua *replicação,* também chamada *duplicação*, que produz mais DNA e (2) sua *transcrição*, que produz o RNA. A partir do RNA, temos: (3) sua *tradução* que produz a proteína; (4) sua *replicação*, que ocorre em alguns vírus, produzindo RNA m pela ação da enzima *RNA-replicase*; e (5) sua *transcrição reversa*, pela qual o RNA pode sintetizar DNA sob a ação da enzima *transcriptase reversa*.

Figura 3.1. Esquema representativo do Dogma Central da Biologia Molecular para resumir o fluxo envolvendo DNA, RNA e proteína, segundo o conhecimento atual. A partir do DNA, tem-se mais DNA (1), produzido por *replicação*, e tem-se RNA (2), obtido por *transcrição*. A partir do RNA, tem-se a proteína (3), por *tradução*, mais RNA (4), por *replicação* pela ação da enzima RNA-replicase e DNA (5) por *transcrição reversa*, pela ação da enzima transcriptase reversa.

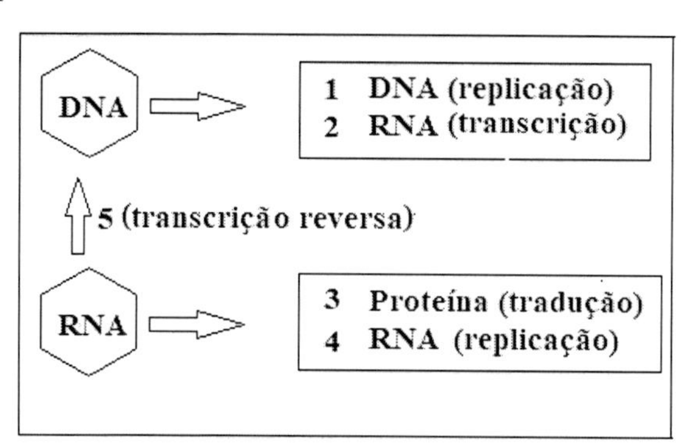

A ideia inicial de *um gene-uma proteína*, ligada ao Dogma Central de Francis Crick, também sofreu, ao longo do tempo, um grande impacto, como veremos em diferentes capítulos deste texto.

3.3 O DNA e suas tarefas

Os códigos contidos no DNA são atuantes em processos básicos que ocorrem no núcleo e no citoplasma das células eucariontes. No núcleo, eles estão fundamentalmente envolvidos em duas das funções dessa molécula "mágica": a *replicação* ou *duplicação* e a transcrição. Pelo primeiro processo, os códigos do DNA são duplicados de modo que sua mensagem é transferida para as células filhas na divisão celular, de forma preservada.

Já a transcrição, a segunda função que também ocorre no núcleo, envolve uma preparação para que a terceira função do DNA, a tradução, possa ocorrer no citoplasma e tenha, finalmente, sua mensagem transformada em proteína. Para isso, o DNA deverá transferir seus códigos a moléculas de RNA mensageiras e ainda deverá produzir outras formas especiais de RNA auxiliares. Esse preparo é necessário devido ao isolamento do DNA no núcleo das células dos organismos eucariontes, fazendo com que o relacionamento entre essa região e o citoplasma fique restrito ao transporte através dos poros do *envelope nuclear*. Neste capítulo, o enfoque será sobre as funções do DNA, no núcleo celular, ou seja, a *replicação* e a *transcrição*.

3.3.1 A replicação ou duplicação do DNA

A *replicação* ou *duplicação* do DNA é o processo pelo qual uma molécula de DNA produz uma réplica de si mesma, isto é, é o processo pelo qual a partir de uma molécula de DNA resultam duas, iguais entre si e iguais à molécula que lhes deu origem. Essa função é essencial para manter a constância do conteúdo de DNA nas células e nos organismos que se reproduzem, e é o que garante a transmissão das características hereditárias através das gerações. As características do processo de replicação estão apresentadas, neste texto, sob duas formas, nas Figuras 3.2 e 3.3.

A replicação requer que o segmento da molécula do DNA a ser copiado "abra" a sua estrutura, perdendo a forma espiralada e separando seus dois filamentos na junção hidrogeniônica das bases nitrogenadas, isto é, nos degraus da "escada". A enzima *DNA helicase* realiza essa separação. Cada filamento do segmento vai agora servir de *molde* para construir uma nova cadeia. Para isso, será utilizada a sequência de nucleotídeos de cada filamento, de acordo com sua composição de bases nitrogenadas. A nova cadeia copiada de cada filamento será complementar ao molde, seguindo sempre a norma "A-T", "C-G", mencionada no capítulo anterior. Isso significa que, se o filamento original que está servindo de molde tiver a sequência "A C G T", o filamento novo terá, nesse segmento, as bases "T G C A".

A replicação do DNA é realizada pela enzima *DNA polimerase* que requer, para essa atividade, além do molde fornecido pela molécula a ser replicada, a presença de um *primer de RNA*, denominado *iniciador*, que se liga ao começo do molde. O *iniciador*, que é um pedacinho de RNA com cerca de 10 nucleotídeos, é complementar ao início do segmento da molécula de DNA que será replicada. Ele é produzido pela enzima *DNA primase* e é essencial para dar início à replicação; isso porque, para iniciar a síntese de DNA, a DNA polimerase necessita de uma extremidade 3' livre, que é fornecida pelo *primer* e, à qual, ela adiciona os nucleotídeos, um a um, para compor a nova fita de DNA, com sequência complementar à fita molde. Lembremos que ser *complementar* significa obedecer às relações "A-T" e "C-G".

Nas células dos eucariotos, a replicação não ocorre de ponta a ponta ao longo do DNA. Ela começa em vários pontos da molécula, em cada um dos quais ocorre o mesmo processo de separação das duas fitas *velhas* e formação de duas *novas*. Os pontos de início da separação dos filamentos denominam-se *pontos de início da replicação* ou *origem da replicação*. A região aberta para replicação é denominada *bolha de replicação* ou *replicon* e seu tamanho varia de 40 a 100 kb (quilobases, 1 kb= 1.000 bases). A enzima *DNA helicase,* que realiza a separação dos filamentos, começa a atuar nos pontos de *origem de replicação,* onde ocorrem sequências de nucleotídeos específicas para isso, e desloca-se para os dois lados da cadeia dupla do DNA, formando as *forquilhas de replicação,* nas extremidades das *bolhas de replicação* (Figura 3.2).

Na forquilha de replicação, a DNA polimerase atua obrigatoriamente na direção 5' para 3', em ambas as fitas, lendo-as na direção 3>5'da fita velha (ver direção das setas na Figura 3.2). Como já mencionado, o *primer de RNA* fornece a extremidade 3' necessária para o acréscimo de nucleotídeos pela enzima, na fita nova (ver Figura 3.3). Mas, como as duas fitas ou cadeias do DNA são *antiparalelas,* ambas são replicadas de forma diferente. Assim, em cada bolha de replicação, uma das fitas tem replicação *contínua* enquanto, na outra, a polimerase deve trabalhar "de costas" (na direção de trás para frente), a partir da forquilha. Essas fitas em construção recebem os nomes de *fita líder* (a de replicação contínua) e *fita tardia* (a de replicação descontínua) (Figura 3.3).

Figura 3.2 A, B. Replicação do DNA. (A). Esquema de uma *bolha de replicação* (ou *replicon*) mostrando o segmento de DNA aberto, isto é, com os dois filamentos separados, as duas *forquilhas de replicação* nas extremidades da bolha (FRs) e o ponto de *origem* da separação dos filamentos (*origem de replicação*). (B). As setas apontam o trajeto *bidirecional* da enzima DNA polimerase na leitura dos filamentos "velhos" para produzir os dois filamentos "novos".

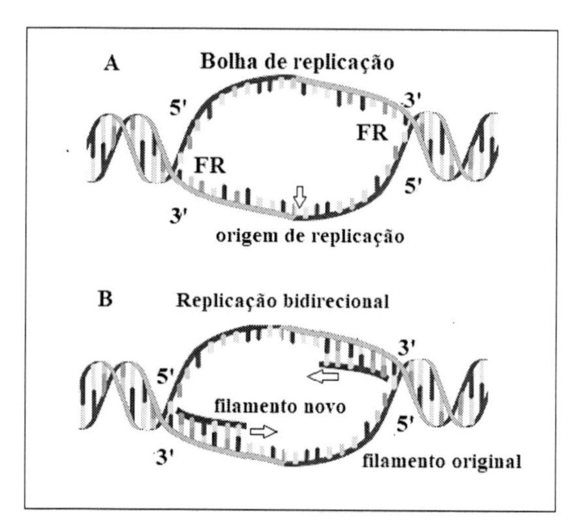

Figura 3.3 A-D. Esquema da duplicação ou replicação do DNA. (A). Molécula original do DNA. (B). Na região de replicação, os dois filamentos que constituem a molécula se separam, formando a *bolha ou replicon*. (C). Ambos são copiados, sendo que um deles faz a cópia de forma contínua e é chamado *filamento líder* (FL) e o outro, chamado *filamento tardio ou atrasado* (FT), realiza a cópia a partir dos *primers (iniciadores)*. (D). Ao final desse processo, resultam duas moléculas iguais entre si e iguais à que as originou. Cada molécula contém um filamento original e um novo.

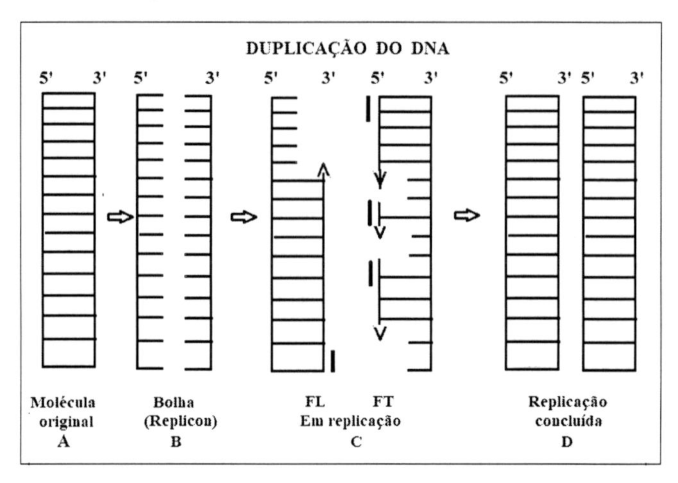

Assim, ocorrem, na fita tardia, interrupções periódicas no processo de replicação, originando fragmentos que, nos eucariotos, têm entre 100 e 200 nt de comprimento e recebem o nome de *fragmentos de Okazaki*, em homenagem ao pesquisador que os descobriu. Esses fragmentos apresentam o *primer de RNA* na extremidade 5'. Por essa razão, enquanto na fita contínua (*líder*) forma-se um só *primer*, na fita descontínua (tardia) há necessidade de um *primer* para cada *fragmento de Okazaki*. Após a duplicação, esses *primers* são removidos e os espaços são preenchidos por dexorribonucleotídeos, pela ação da DNA polimerase. A enzima *DNA ligase* promove a união dos fragmentos transformando a cadeia descontínua em contínua, catalisando a formação de uma ligação fosfodiéster entre os fragmentos (Figura 3.3). A energia necessária para o processo de polimerização, isto é, de junção dos novos nucleotídeos, provém da hidrólise das ligações de alta energia do fosfato, que ocorre quando um novo nucleotídeo é incorporado à cadeia nascente.

Vemos assim, que a duplicação do DNA envolve o trabalho de várias enzimas diferentes. A denominação enzimas é dada a proteínas que atuam como catalizadores, diminuindo a energia de ativação das reações, acelerando-as, tudo sem serem consumidas no processo. Na replicação do DNA, funcionam: a DNA helicase, a DNA primase, a DNA polimerase e a DNA ligase. Mas, além delas, outras enzimas ainda atuam nesse processo, como as *DNA topoisomerases*, as quais evitam que a dupla hélice de DNA, à frente da forquilha de replicação, torne-se excessivamente enrolada à medida que o DNA é aberto. Elas catalisam uma quebra nas moléculas de DNA para reduzir essa tensão super-helicoidal dos filamentos ao nível adequado, evitando lentidão ou mesmo paralização do processo.

Vimos, no capítulo anterior, que a replicação do DNA é chamada *semiconservativa* porque cada molécula resultante tem uma cadeia da molécula original e uma cadeia nova, isto é, metade é conservada e metade é recém-feita.

No procarioto *Escherichia coli* ocorre um só *replicon*, isto é a replicação ocorre livre de ponta a ponta. Nos eucariotos replicação ocorre em muitos pontos, simultaneamente, o que agiliza imensamente o processo. Um eucarioto com aproximadamente 400 replicons em seu DNA leva cerca de seis horas para replicação total. Se fosse um só replicon, esse tempo seria de cerca de 500 horas. Nos eucariotos, após a duplicação, as bolhas são ligadas.

Uma informação que dá ideia da velocidade com que o processo de replicação do DNA se realiza provém de estudo no vírus fago T4, quando ele infecta a bactéria *E. coli*. No período exponencial da reprodução do fago, a taxa de replicação do DNA pode chegar a 749 nucleotídeos acrescentados ao DNA, por segundo!

3.3.1.1 A replicação do DNA no ciclo celular

O processo de divisão das células por mitose, através da qual uma célula mãe origina duas células filhas, iguais entre si e iguais à célula que lhes deu origem, requer que a célula mãe passe por uma série de modificações que, no conjunto, são denominadas *ciclo celular*. Essas modificações são divididas em dois períodos: *intérfase* e *mitose*. A intérfase, que é o seu período mais longo, é o período de preparação para que essa divisão igualitária possa ocorrer, isto é, é o período em que ocorre a duplicação de todos os componentes celulares. A intérfase é dividida em três fases: G1, S e G2. Os símbolos G1 e G2 são derivados da palavra inglesa *gap* (intervalo), e o S vem do inglês *synthesis* (*síntese*), referindo-se ao fato de que é na fase S que ocorre a síntese do DNA, enquanto em G1 e G2 ocorre o aumento do tamanho da célula e da quantidade dos componentes celulares e de componentes moleculares, como RNA e proteínas.

No segundo período, o da *mitose* ou divisão celular, estão compreendidas as fases denominadas prófase, metáfase, anáfase e telófase. Nesse período, o DNA condensa-se, como vimos no capítulo anterior, formando os cromossomos que, na anáfase, serão separados em dois conjuntos e encaminhados para as duas células filhas, juntamente com os demais componentes celulares (Figura 3.4).

Figura 3.4. Esquema do ciclo celular. O ciclo celular é dividido, para fins de estudo, em dois períodos: *intérfase* e *mitose*. Na *intérfase* ocorre a duplicação dos componentes celulares que permitirá realizar a divisão da célula em duas células filhas, iguais entre si e iguais à célula mãe. Das três fases que compõem a intérfase (G1, S e G2), a fase S é dedicada à reprodução do DNA. Nas fases G1 e G2, além de outras atividades, há a duplicação dos componentes citoplasmáticos e crescimento da célula. Na fase mitose (M), que se compõe das fases *prófase, metáfase, anáfase e telófase* (respectivamente, P, M, A, T), há o processo de separação de todos os materiais celulares em duas partes, formando as duas células filhas. As estrelas referem-se aos três principais pontos de checagem do sistema: GH G1, CH G2 e CH do fuso.

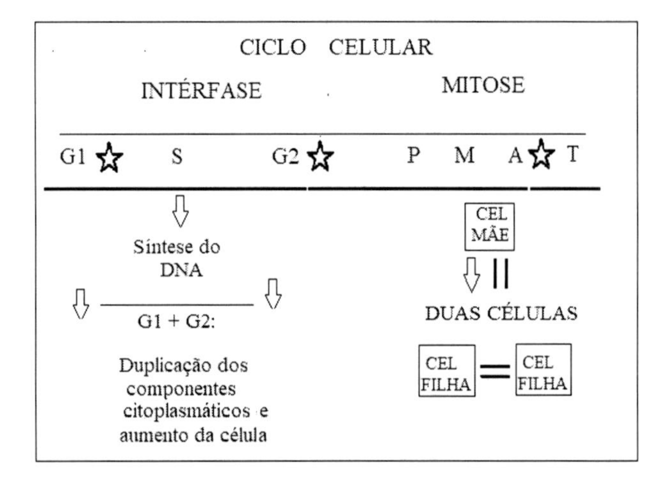

3.3.1.2 O controle da divisão celular

A partir do que tem sido revelado pelas pesquisas, pode-se dizer que não só a expressão gênica (transcrição e tradução do DNA), mas provavelmente todas as atividades celulares são controladas de alguma forma por mecanismos que aprimoram sua eficiência. Nos eucariotos, a mudança de fase das células normais no ciclo celular ocorre de forma controlada e, em parte, utiliza a checagem da normalidade na replicação do DNA para prosseguir.

As células não completam sua divisão se as condições internas e externas que as envolvem forem desfavoráveis a um funcionamento normal. Como já foi mencionado, a avaliação quanto a esses aspectos ocorre em determinados momentos, ao longo do ciclo celular, que são denominados *pontos de checagem* (*check points*) e seus resultados condicionam a célula a levar, ou não, adiante, o processo de divisão. Três dos pontos de checagem são considerados mais importantes: os que ocorrem no fim da fase G1, no fim da fase G2 e na transição entre metáfase e anáfase, sendo este último também chamado *ponto de checagem do fuso*. Na fase G1, são avaliados o tamanho celular, a presença de nutrientes na célula e outros. No ponto de checagem do fuso é avaliada a ligação das cromátides, componentes do cromossomo, a essa estrutura, para que haja distribuição normal às células filhas. E, na fase G2, o DNA é avaliado quanto a erros de replicação, isto é, se ele foi copiado corretamente do molde na fase S, e também quanto à sua integridade, isto é, se há ou não DNA danificado. Se existir um ou outro desses problemas, a célula entra em repouso para que as falhas sejam sanadas e depois retoma o processo de divisão (Figura 3.4).

Erros na molécula de DNA causados pelas DNA polimerases durante a replicação são comuns. Considera-se que parte desses erros não causaria problemas ao portador. Outros, porém, são considerados frequentes causadores de instabilidade no genoma, promovendo, principalmente, o desenvolvimento de câncer. Um tipo de erro frequente na replicação é decorrente de pareamento incorreto entre as bases, isto é, a regra do A com T e C com G não é obedecida. Esses erros são detectados e sanados, durante a própria replicação, pelos *mecanismos de revisão* do DNA. Nesse caso, a ordem dos passos é, basicamente, a seguinte: (1) um complexo proteico reconhece a base mal pareada e liga-se a ela; (2) outras enzimas cortam o DNA perto do local portador do erro e eliminam o nucleotídeo a ser substituído; (3) uma DNA polimerase realiza a substituição do nucleotídeo eliminado pelo correto; (4) a enzima DNA ligase emenda as partes abertas.

Se após a replicação permanecerem erros, estes agora serão corrigidos pelo mecanismo denominado *reparo do DNA*. O reparo do DNA ocorre em todas as células de todos os organismos. As vias desse processo permanecem agindo durante o ciclo celular. Se, ainda assim, o erro permanecer, a célula poderá ser eliminada pela via de *morte celular programada*, também denominada *apoptose*, protegendo o organismo que o apresenta de uma doença que pode ser grave, como é o câncer, já mencionado. Embora nem todos os autores concordem, há dados que apontam erros de replicação como "culpados" por dois terços dos cânceres que afetam o ser humano.

Contudo em qualquer tempo da vida da célula podem ocorrer *danos* ao DNA. Isto é, os problemas não são restritos ao período de replicação. Esses danos ocorrem devido à ação de agentes a que os seres vivos são continuamente expostos. Estima-se que cada célula sofra, por dia, mais de 10^5 lesões no DNA, espontâneas ou induzidas. Os agentes ambientais de dano podem ser físicos (luz ultravioleta, radiação ionizante), químicos (drogas quimioterápicas, produtos químicos industriais e fumaça de cigarro) ou mesmo reações químicas que ocorrem espontaneamente no interior da célula. Seus efeitos são muito variáveis, abrangendo alterações químicas e também estruturais. As células detectam e respondem aos danos no DNA, usando diferentes vias de reparo que são processos-chave na manutenção da estabilidade do genoma.

3.4 A transcrição

A transcrição é o primeiro passo no processo da *expressão gênica*, cuja regulação nos propusemos a abordar nestes textos. Entende-se, por expressão gênica, a produção de proteínas a partir do DNA, sendo, a transcrição, sua primeira parte. Já vimos que se denomina *transcrição* a produção de RNA (ácido ribonucleico), tendo como molde a molécula de DNA. A duplicação e a transcrição são funções do DNA exercidas no interior do núcleo celular. Pela transcrição são produzidos vários tipos de RNA. Entre eles, três estão basicamente envolvidos na síntese de proteínas. São eles: o RNA mensageiro (RNA m), o RNA ribossômico (RNA r) e o RNA transportador ou de transferência (RNA t).

A molécula de RNA é construída em conformidade com o código do DNA que a originou. Em outras palavras, pela transcrição, o código do DNA do gene responsável por uma característica do organismo é transferido para um RNA que é denominado RNA mensageiro. O nome decorre de que esse RNA, que é produzido no núcleo, passando através dos poros do envelope nuclear, vai levar a mensagem para o citoplasma onde será traduzida em proteína. Veremos, no próximo capítulo, como ocorre a tradução para a qual, além do RNA m, vão ser necessários os dois outros tipos de RNA (RNA r e RNA t), que são auxiliares fundamentais no processo de tradução. Ambos também são transcritos no núcleo a partir de outros genes específicos para sua função e atravessam os poros dirigindo-se ao citoplasma.

3.4.1 Comparação entre DNA e RNA

Embora os três tipos de RNA sejam produzidos a partir de DNA, as moléculas de DNA e RNA diferem em vários aspectos, como também diferem entre si as moléculas dos RNAs m, RNA r e RNA t. Vejamos:

O DNA tem dupla fita, o RNA tem fita única. Diferentemente da replicação, em que as duas cadeias do DNA são copiadas pela DNA polimerase, na transcrição apenas uma das cadeias do DNA é utilizada para formar a molécula de RNA, copiada agora não mais pela DNA polimerase, mas sim pela *RNA polimerase*. Contudo, ao longo do cromossomo, pode haver um revezamento entre uma ou outra das cadeias do DNA para transcrição, dependendo de qual filamento do DNA seja ativado para esse fim.

A "escolha" de qual cadeia deve ser utilizada pela RNA polimerase, para transcrição, depende da composição de bases nitrogenadas do DNA, isto é, da presença de sequências específicas a que se denomina "motivos" e que são reconhecidos pela "maquinaria" de transcrição no gene a ser transcrito. Aliás, é bom reiterar que os "motivos" constituem a base das interações que ocorrem nos mecanismos de regulação gênica; constituem os "rótulos" que são reconhecidos pelos elementos que interagem.

Um dos problemas que decorreriam se ambas as cadeias da molécula de DNA fossem usadas, simultaneamente, como molde para transcrição, é que os dois filamentos de RNA resultantes seriam complementares e formariam RNA de dupla fita e isto impediria sua atuação.

Da mesma forma que o DNA, a molécula de RNA também é formada por nucleotídeos ligados em sequência, mas estes agora são denominados *ribonucleotídeos* e sua junção ao longo da molécula é feita pela *RNA polimerase*. Os ribonucleotídeos do RNA (que correspondem aos desoxirribonucleotídeos no DNA) compõem-se também de uma pentose, um fosfato e uma base nitrogenada. A pentose, porém, é uma *ribose* e, além disso, uma das bases nitrogenadas presentes no DNA, a *timina* (T), encontra-se substituída no RNA por outra base, a *uracila* (U). Assim, na formação da cadeia de RNA, é a uracila que pareia com a adenina do DNA que está servindo de molde, e não a timina (Figura 3.5)

Figura 3.5. Características da molécula de RNA que a diferenciam da molécula do DNA: (1) A molécula do RNA é unifilamentar e a do DNA tem duplo filamento. (2) Componentes específicos: o açúcar do RNA é a ribose, o do DNA é a desoxirribose; a base nitrogenada timina não ocorre no RNA sendo substituída pela uracila que não ocorre no DNA. Ambas as moléculas são filamentos formados por polimerização de nucleotídeos compostos de um fosfato, um açúcar_e uma base, mas evidentemente diferem quanto à presença dos elementos mencionados.

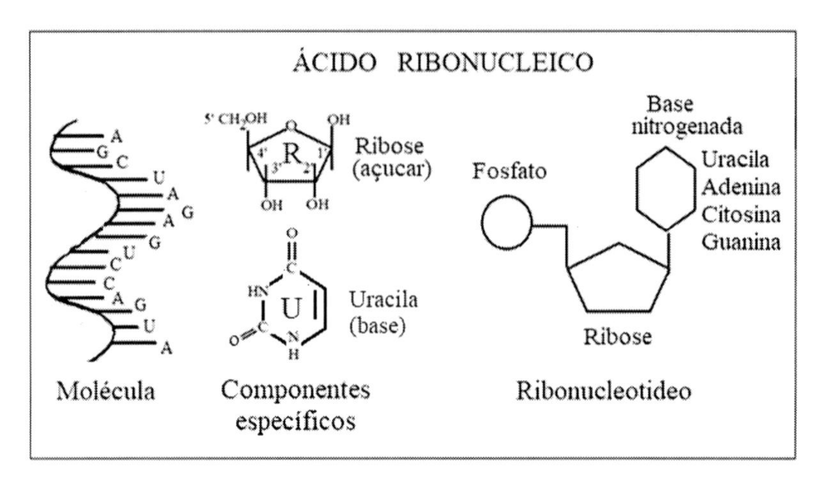

3.4.2 O mecanismo

Colocadas as diferenças entre a molécula-molde (o DNA) e a molécula moldada a partir dela (o RNA), vamos ao processo básico da transcrição. Para que ocorra a transcrição também é necessário que a dupla hélice do DNA se desenovele e separe suas fitas. Uma delas servirá de molde para produzir a fita de RNA. A RNA polimerase liga-se ao molde e vai colocando ribonucleotídeos complementares na sequência: a cada citosina do molde é colocado um ribonucleotídeo contendo a base guanina, no RNA em crescimento, a cada timina é colocado um ribonucleotídeo contendo uma adenina, a cada guanina, um contendo uma citosina e a cada adenina, um contendo a uracila, até o final do segmento de DNA aberto para transcrição. A fita de RNA, então, desprende-se do molde.

No processo de transcrição, a RNA polimerase "lê" o molde de DNA da extremidade 3' para a 5' e produz o transcrito de RNA que cresce de 5' para 3', da mesma forma que ocorre na duplicação do DNA (Figura 3.6). A direção 5' >3', utilizada tanto na duplicação como na transcrição, é conhecida como *sentido da vida*.

Figura 3.6. Esquema da transcrição. Como o RNA é unifilamentar, após a separação dos filamentos do DNA, um só será copiado. A direção de crescimento do RNA na transcrição é o mesmo da replicação do DNA, isto é, o filamento de RNA só cresce na direção 5'> 3', lendo o molde de DNA na direção 3'>5'. Na molécula de RNA, não existe timina. No seu lugar existe a uracila, que da mesma forma que a timina, pareia com a adenina. O pareamento C com G permanece como no DNA.

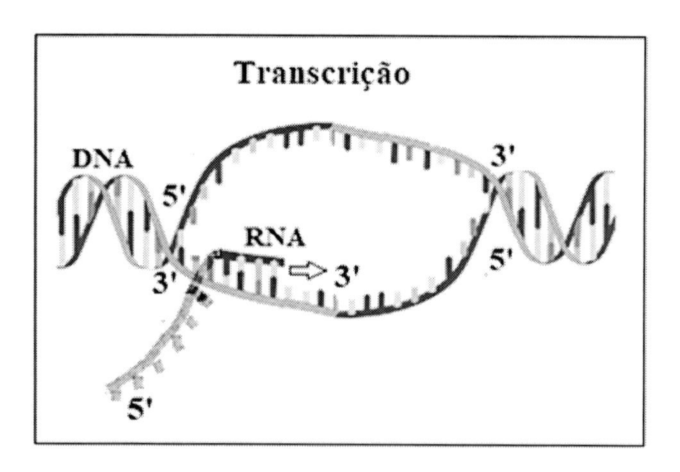

Dessa forma, trabalhando no interior do núcleo, o DNA cumpre suas funções de replicação e transcrição. Pela replicação, cumpre a tarefa de manter seu código intacto, nas células e organismos em processo reprodutivo; e pela transcrição transfere esse código a um mensageiro fiel que a levará intacta para realizar, no citoplasma, a última etapa da expressão gênica, produzida pela leitura e tradução da mensagem preservada e transformada em uma proteína específica. Essa etapa, a tradução, será descrita no próximo capítulo.

3.5 Comentário

O DNA, por meio de seu código, "dita as ordens" nas atividades celulares, mas ele não as executa sozinho. Ele é dependente de processos no conjunto denominados *Mecanismos de Regulação Gênica* (MRGs). As atividades do DNA são baseadas na síntese de proteínas, substâncias essenciais na construção das estruturas e no controle das reações químicas dos seres vivos. Os MRGs ativam o DNA para fazer a proteína certa na hora, na quantidade e na qualidade certas. A produção da proteína com base no código do DNA é um processo chamado *expressão gênica*. Constitui-se de duas partes: a *transcrição* e a *tradução*. A transcrição é abordada neste capítulo juntamente com outra função do DNA, que é sua *duplicação*, por meio da qual ele se perpetua nas células e nos organismos.

3.6 Referências

AZE, A. Recent advances in understanding DNA replication: cell type–specific adaptation of the DNA replication program. Version 1. F1000Res. 7: F1000 Faculty Rev-1351.2018. l. National Library of Medicine. Disponível em: https://www.ncbi.nlm.nih.gov/pmc/articles/PMC6117848/. Acesso em: 17 out. 2023.

CLANCY, S. DNA transcription. *Nature Education*, v. 1, n. 1, p. 41, 2008. Disponível em: https://www.nature.com/scitable/topicpage/dna-transcription-426/. Acesso em: 17 out. 2023.

KHAN ACADEMY. DNA structure and replication review. Course: ap®/college biology > unit 6 Lesson 2: Replication. Disponível em: https://www.khanacademy.org/science/ap-biology/gene-expression-and-regulation/replication/a/hs-dna-structure-and-replication-review. Acesso em: 17 out. 2023.

MERCADANTE, A. A.; DIMRI, M.; MOHIUDDIN, S. S. Biochemistry, Replication and Transcription. *StatPearls* [Internet]. Ultima edição: 14 ago. 2023. NIH National Technology for Information Center. Disponível em: https://www.ncbi.nlm.nih.gov/books/NBK540152/. Acesso em: 18 out. 2023.

WIKIPEDIA. A ENCICLOPÉDIA LIVRE. Ácido Ribonucleico. Editada em 11 jul. 2023. Disponível em: https://es.wikipedia.org/wiki/%C3%81cido_ribonucleico. Acesso em: 16 out. 2023.

Capítulo 4

TRADUÇÃO: "LENDO" O RNA m PARA COMPOR A PROTEÍNA (ENFIM, O "PRODUTO-CHAVE" É PRODUZIDO)

4.1 Introdução

A tradução é a última etapa da expressão gênica. Nela, um transcrito (RNA m) que contém uma estrutura complementar ao código do DNA que o gerou é utilizado para construir uma sequência específica de ácidos aminados. A denominação *RNA mensageiro* dada à molécula de RNA, que é descodificada para a produção de proteína, decorre de que ela carrega para o citoplasma, para ser traduzida, a "mensagem" do DNA que permanece no núcleo.

Além do RNA m, outros dois tipos de RNA estão envolvidos na tradução: o RNA ribossômico (RNA r) e o RNA transportador ou de transferência (RNA t). Esses três tipos de RNAs, após sua transcrição no núcleo, atravessam os poros do envelope nuclear dirigindo-se ao citoplasma onde a molécula de RNA m vai servir de molde para a produção de um filamento polipeptídico (proteico).

4.2 Os RNAs que atuam na tradução do RNA m: RNA r e RNA t

4.2.1 O RNA ribossômico (RNA r)

O RNA r (ribossômico) apresenta-se nos eucariotos sob quatro tipos, com diferentes *coeficientes de sedimentação* que são r 28s, r 18s, r 5,8s e r 5s. O coeficiente de sedimentação (S ou s) representa a velocidade adquirida por uma partícula submetida à centrifugação e é expresso em *unidades de Svedberg*. Os três primeiros tipos de RNAs r são transcritos a partir do DNA localizado em regiões específicas de um determinado cromossomo ou determinados cromossomos que são chamadas *regiões organizadoras nucleolares (RONs)*. O RNA r 5s, por sua vez, é transcrito em outro local dos cromossomos, fora do nucléolo, e reúne-se aos outros três tipos para atuar.

Os quatro tipos de RNAs r, produzidos no núcleo celular, associam-se a proteínas (vindas do citoplasma) para formar, no interior do núcleo, dois tipos de subunidades ribossômicas de tamanhos diferentes: (40s e 60s). Nos eucariotos, a subunidade menor é formada por uma molécula de RNA r 18S e cerca de 30 proteínas, e a subunidade maior contém três tipos de moléculas de RNA r (28S, 5,8S e 5S) e aproximadamente 45 proteínas. Essas duas subunidades migram separadas para o citoplasma, atravessando os poros do envelope nuclear. No citoplasma, as subunidades maior e menor se acoplam a uma molécula do RNA m para formar ribossomos funcionais, capazes de percorrê-la em toda sua extensão, "lendo" o código, isto é, a sequência de bases nitrogenadas, transportadas por ela. A tradução desse código produz um filamento proteico. A cada três bases nitrogenadas do RNA m, denominadas, no conjunto, uma *trinca* ou *códon*, é colocado um aminoácido na proteína em formação. As duas partes do ribossomo só se juntam após a subunidade menor ligar-se à molécula de RNA m. Juntas, as duas subunidades contêm, geralmente, os quatro tipos de RNA r e mais de 80 proteínas específicas, reunidas em uma sequência precisa (Figura 4.1).

Figura 4.1. Esquema do ribossomo. O ribossomo é formado de duas subunidades de tamanhos diferentes que, no processo de tradução, acoplam-se ao filamento de RNA m e o percorrem, lendo o seu código para produzir o polipeptídio. Na figura, as duas partes estão se aproximando do RNAM, mas a subunidade menor se acopla primeiro.

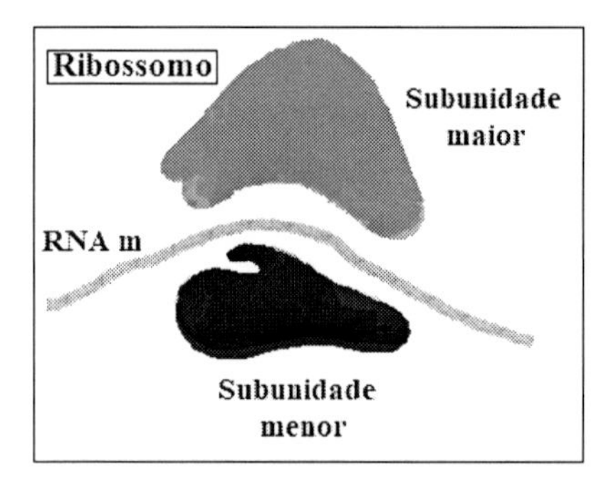

4.2.2 O RNA transportador (RNA t)

O RNA t atua, juntamente com o RNA r, para a tradução do código do RNA m. O RNA t é um segmento pequeno de RNA, de 73 a 93 nt, que forma uma estrutura dobrada, alguns trechos da qual apresentam pareamento das bases onde, portanto, o filamento de RNA fica duplo.

Na Figura 4.2 é mostrado um esquema da estrutura do RNA t, que apresenta uma forma que se diz, na literatura, ser parecida com um trevo de quatro folhas. Distinguem-se, no RNA t, as seguintes partes: um grupo fosfato na extremidade 5'; um ramo receptor na extremidade 3' que sempre termina com a sequência de bases CCA e no qual se liga um aminoácido específico; três alças, sendo que na de número dois, que se localiza na base da estrutura, encontra-se o anti-códon, que contém as três bases nitrogenadas que conhecem onde será depositado seu aminoácido, ao longo do RNA m, para tradução. O RNA t encontra esse local do RNA m pela complementariedade do seu anti-códon.

Figura 4 2. Esquema da estrutura secundária da molécula de RNA t. A fita única de RNA dobra-se, diferenciando três alças principais, graças ao pareamento de trechos em que os códons são complementares, ao longo do filamento (setas). Na alça 2, localiza-se o anti-códon que reconhece o códon do RNA m onde deverá deixar o aminoácido específico que ele transporta. O aminoácido a ser transportado liga-se à extremidade OH 3'. O RNA t da figura tem como anticódon a sequência AUG que reconhece a trinca UAC no filamento de RNA m e transporta o aminoácido tirosina.

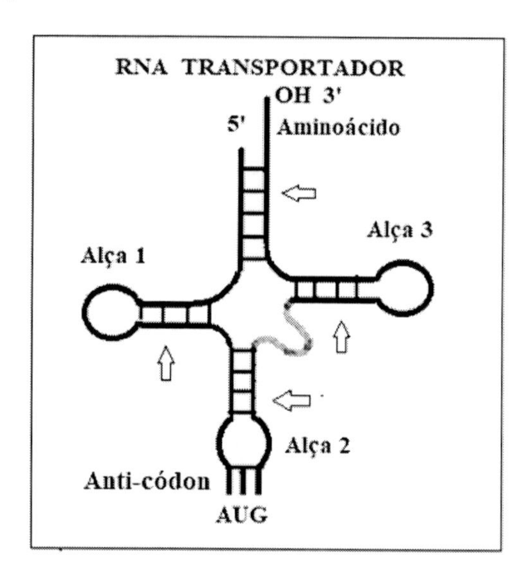

Assim, sob o "comando" de seu anti-códon , os RNAs t ligam-se a aminoácidos específicos para atuar na tradução. Existem 20 tipos de aminoácidos, mas o número de RNAs t diferentes é maior, o que significa que há mais de um RNA t específico para alguns aminoácidos e isso é referido como *degeneração do código genético*. A Figura 4.3 mostra a lista de aminoácidos e a composição das trincas de bases nitrogenadas do anti-códon de cada RNA t que tem a capacidade de reconhecê-los.

Figura 4.3. Quadro dos aminoácidos e códons utilizados na tradução. Aminoácidos: Fen = fenilalanina; Leu = leucina; Ile = isoleucina; Met = metionina; Val = valina; Ser = serina; Pro = prolina; Ter = treonina; Ala = alanina; Tir = tirosina; His = histidina; Gln = glutamina; Ans = asparagina; Lis = lisina; Asp = ácido aspartico; Glu= ácido glutâmico; Cis= cistidina; Trp = triptofano; Arg = arginina; Gli = glicina. A metionina é o primeiro aminoácido a ser colocado no polipeptídio em formação. A parada (*stop*) da tradução é sinalizada pela presença de um entre os três aminoácidos designados "Fim", no quadro, isto é, UGA, UAA e UAG.

	U		C		A		G		
U	UUU	Fen	UCU	Ser	UAU	Tir	UGU	Cis	U
	UUC		UCC		UAC		UGC		C
	UUA	Leu	UCA		UAA	Fim	UGA	Fim	A
	UUG		UCG		UAG	Fim	UGG	Trp	G
C	CUU	Leu	CCU	Pro	CAU	His	CGU	Arg	U
	CUC		CCC		CAC		CGC		C
	CUA		CCA		CAA	Gln	CGA		A
	CUG		CCG		CAG		CGG		G
A	AUU	Ile	ACU	Tre	AAU	Ans	AGU	Ser	U
	AUC		ACC		AAC		AGC		C
	AUA		ACA		AAA	Lis	AGA	Arg	A
	AUG	Met	ACG		AAG		AGG		G
G	GUU	Val	GCU	Ala	GAU	Asp	GGU	Gli	U
	GUC		GCC		GAC		GGC		C
	GUA		GCA		GAA	Glu	GGA		A
	GUG		GCG		GAG		GGG		G

4.3 O mecanismo da tradução

A Figura 4.4 mostra os componentes que se envolvem na tradução de um segmento de RNA m. Nesse segmento de RNA m ficam os códons ou trincas que são reconhecidos pelos RNAs t através de seus anti-códons. A molécula de RNA t, também em função de seu anti-códon, transporta o aminoácido correspondente, ligado a um local especial da molécula, colocando-o, com auxílio do ribossomo, no códon correspondente do RNA m. Dessa forma, fica estabelecida a sequência de aminoácidos de cada polipeptídio, à medida que o RNA m vai sendo percorrido pelo ribossomo, que aciona, em cada trinca, o RNA t portador do aminoácido certo.

Figura 4.4. Esquema de um segmento de RNA m mostrando os elementos envolvidos na tradução e o papel de cada um. À esquerda, temos um ribossomo cuja função é percorrer o RNA m, "lendo" os códons ou trincas. A cada trinca lida, é colocado um aminoácido no polipeptídio em formação. Quem fornece esses aminoácidos é o RNA t, cuja constituição de bases já é preparada para isso; ele tem, em um lugar específico de sua molécula, uma trinca que na verdade é um anti-códon que, pela complementariedade (A com U, C com G), reconhece o lugar, ao longo do RNA m onde ele deverá deixar sua "carga", que é o aminoácido que ele transporta e que também é determinado pelo seu anti-códon.

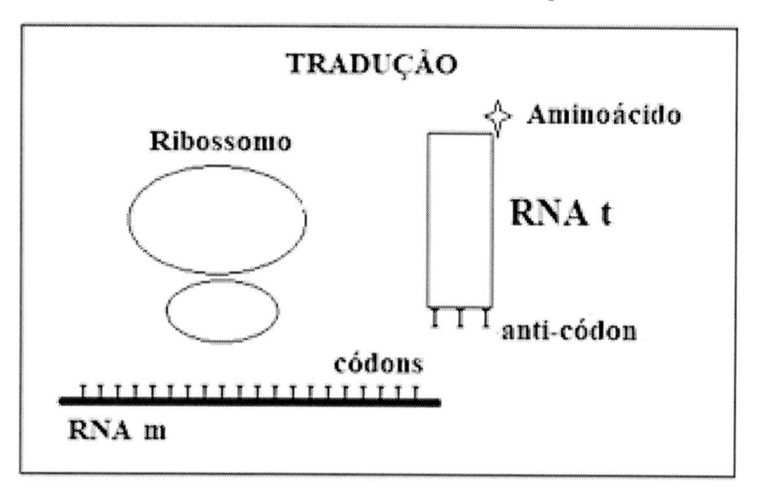

O esquema na Figura 4.5 apresenta um registro mais completo do processo da tradução. O ribossomo montado para ler o RNA m, na tradução, contém três locais específicos para que ocorram as diferentes etapas do processo e que são: A, onde se coloca o RNA t ao entrar com o próximo aminoácido a ser adicionado à cadeia polipeptídica em formação; o sítio P, onde o RNA t acrescenta o aminoácido à cadeia em formação; e o sítio E, onde o RNA t se coloca para sair do ribossomo após liberar o aminoácido.

São reconhecidas três fases no processo de tradução: a iniciação, o alongamento e a finalização. Na iniciação, a subunidade menor do ribossomo se associa ao RNA m e percorre o filamento até encontrar o códon AUG, que corresponde ao aminoácido metionina e, obrigatoriamente, é o primeiro da sequência. A continuidade da leitura e adição de aminoácidos na molécula crescente é a fase de alongamento que ocorre já com as duas subunidades do ribossomo reunidas. A finalização ocorre quando a "máquina de leitura" encontra um dos três códons de terminação, UAA, UAG e UGA, quando, então, as duas subunidades do RNA r se separam uma da outra e a proteína é liberada.

Figura 4.5. Esquema mais completo do processo de tradução. Para formar o filamento proteico, o RNA r vai percorrendo o RNA m, lendo seus códons e "acomodando" os aminoácidos trazidos pelos RNAs t, na sequência de leitura. O RNA t entra pelo lado direito, coloca o aminoácido na sequência e sai do "aparelho" de leitura, pela esquerda. Pela direita, o RNA t portador do anti-códon e aminoácido "da vez" prepara-se para ocupar sua posição, na sequência. A seta abaixo do RNA m indica a direção de leitura, isto é, do deslocamento do RNA r ao longo do RNA m, 5'>3'. Nesse esquema, o filamento proteico em formação, terá a sequência de aminoácidos: metionina, glutamina, treonina, serina e prolina. Os códons assinalados com um traço, no começo e no fim do RNA m, correspondem ao primeiro aminoácido a ser colocado no polipeptídio e ao sinal de parada, respectivamente. São reconhecidos três sítios no ribossomo: o sítio A, onde ocorre a entrada do RNA t contendo o próximo aa, o sítio E, onde ocorre a saída do RNA t já liberto do aa, e o sítio P, no qual fica o peptídeo em formação.

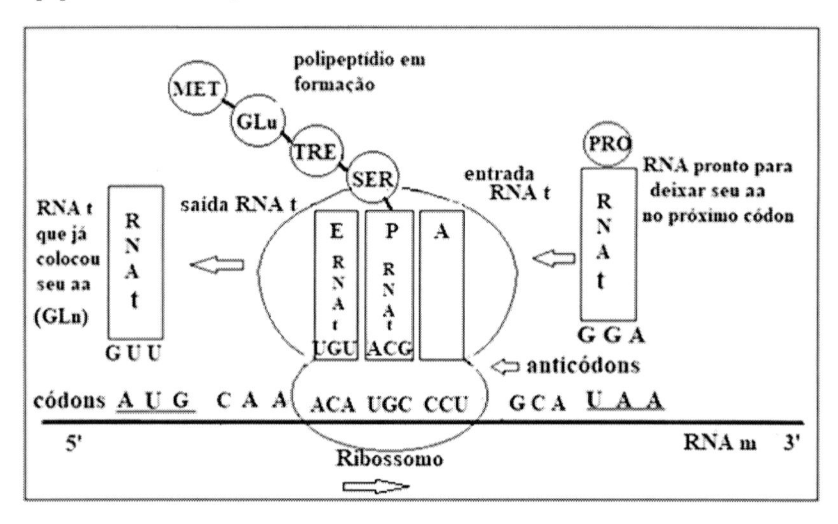

Ao microscópio eletrônico, observa-se que, na tradução, o RNA m mostra a forma de um colar de contas devido à fileira de ribossomos (denominada polirribossomo) que leem seu código, simultaneamente, todos produzindo o mesmo tipo de filamento proteico, mas em diferentes fases da leitura. O polirribossomo pode formar-se solto no citoplasma ou aposto à membrana do retículo endoplasmático.

4.4 O encaminhamento das proteínas prontas

As proteínas, logo após sua produção, são levadas para o interior do retículo endoplasmático (RE), para outros locais da célula ou mesmo para fora dela. Esse transporte é realizado por "sistemas de entrega" que reconhecem, nas proteínas, marcadores moleculares (*rótulos ou motivos*), muitas vezes compostos de aminoácidos, que indicam para onde elas devem ser levadas. Se tiverem o chamado *peptídio sinal*, após a entrada no RE, as proteínas serão levadas para a via normal de distribuição: aparelho de Golgi, membrana plasmática, lisossomos, outras regiões do RE ou para fora da célula. Esse *peptídio sinal* é um "motivo" formado por uma sequência de aminoácidos, geralmente presente na extremidade N terminal da proteína; normalmente o sinal é removido após a distribuição da proteína para seu local de atuação. As proteínas que permanecem no citossol são levadas para os outros organoides (mitocôndrias, cloroplastos, núcleo). Se a proteína não tiver o *peptídio sinal* e nem outros rótulos de endereçamento, fica no citossol de forma permanente. Sequências existentes no interior da proteína também podem atuar como sinais de distribuição.

4.5 Comentário

A replicação do DNA para formar mais DNA e a transcrição, da qual resulta a formação do RNA mensageiro (RNA m) foram analisadas no capítulo anterior. Ambos os processos ocorrem no núcleo da célula. Neste capítulo, analisamos a *tradução*, segunda etapa da síntese proteica, que se concretiza no citoplasma. Com isto, a *expressão gênica* se completa. Resulta em uma proteína específica, correspondente ao conteúdo da mensagem (código), transferida do DNA para o RNA m e desse para a proteína. A replicação (ou duplicação), a transcrição e a tradução constituem o tripé básico que mantém os seres vivos na face da terra.

4.6 Referências

TAHMASEBI, S.; SONENBERG, N.; HERSHEY, J. W. B.; MATHEWS, M. B. Protein Synthesis and Translational Control: A Historical Perspective. *Cold Spring Harb Perspect Biol.*, v. 11, n. 9, a035584, set. 2019. Disponível em: doi: 10.1101/cshperspect.a035584. Acesso em: 18 out. 2023.

WIKIPEDIA. A Enciclopédia Livre. *Síntese proteica*. Disponível em: https://pt.wikipedia.org/wiki/S%C3%ADntese_proteica. Editada em 1/09/2021. Acesso em: 18 out. 2023.

YOUTUBE. Filme From DNA to protein 3D Jan 7 2015. Disponível em: https://www.youtube.com/watch?v=gG7uCskUOrA. Acesso em: 18 jan. 2024.

YOUTUBE. Video. mRNA Translation (Advanced. DNA Learning Center). Mar 22, 2010. Disponível em: https://www.google.com/search?q=VIDEO.+mRNA+-Translation+(Advanced)+-+. Acesso em: 18 out. 2023.

Capítulo 5

ESTRUTURA E ORGANIZAÇÃO DO GENE (A VIDA ARMAZENADA EM UM ARRANJO INESPERADO)

5.1 Introdução

Vimos que a expressão gênica é um processo composto de duas etapas. Na primeira, um segmento de DNA é transcrito, produzindo um RNA mensageiro (RNA m) que é portador de cópia de seu código. Na segunda etapa, esse RNA m é traduzido, produzindo uma proteína, específica para o código que foi copiado do DNA.

Diferentes trechos da molécula de DNA que forma cada cromossomo, quando ativados, produzem um RNA. Cada um desses trechos de DNA que reúne os elementos necessários para produzir um RNA recebe o nome de *gene*. Entre esses, há muitos que produzem RNA, mas não têm a capacidade de realizar a segunda parte da expressão gênica que é a produção da proteína (a tradução), e são denominados *genes não codificadores*. Os genes que realizam a transcrição e a tradução recebem o nome de *genes codificadores*.

A palavra *gene* foi criada, em 1.909, pelo botânico dinamarquês Wilhelm Ludwig Johannsen. O conceito de gene tem se modificado no tempo, com o avanço do conhecimento. Na genética clássica, era descrito como "a unidade funcional da hereditariedade". Entendo que um conceito mais atual, adaptado da literatura, pode ser: um gene é um segmento de DNA que codifica um RNA atuante como tal ou atuante depois de ser traduzido em proteína e que é a unidade molecular da hereditariedade. A palavra *gene* combinada com o sufixo "ome" (que significa conjunto completo) gerou a palavra *genoma*, cunhada em 1.920 pelo botânico alemão Hans Winkler e usada pelos pesquisadores para se referir ao material genético total de um organismo.

O ser humano apresenta 23 pares de cromossomos, sendo 22 autossomos e um par sexual (arranjo XX para as mulheres e arranjo XY para os homens). Desde que as técnicas de sequenciamento dos ácidos nucleicos foram desenvolvidas e vêm sendo aprimoradas, tem havido um grande esforço dos pesquisadores no sentido de determinar o número de bases e o número de genes que compõem o genoma humano. Resultados de um trabalho em que foram analisados todos os cromossomos do genoma humano, exceto o cromossomo Y, aparentemente devido à sua complexidade estrutural, foram publicados em 31 de março de 2.022, na revista *Science*. Os resultados mostraram um conteúdo de três bilhões e 55 milhões de nucleotídeos para o genoma e 19.890 genes codificadores de proteína, distribuídos ao longo dos cromossomos. Esse número de genes codificadores corresponde a apenas algo como 1% do comprimento total do genoma, mostrando que a ampla maioria das sequências restantes (cerca de 99%!) é de não codificadores e atua, predominantemente, no controle dos genes codificadores.

Quanto ao número de genes por cromossomo, é variável, não só em função do tamanho do cromossomo como também do tamanho dos genes que abriga. Entre os dados disponíveis, quanto a esse aspecto, há, por exemplo, os referentes ao maior cromossomo humano, que é o de número 1, para o qual se calcula cerca de 246 milhões de pares de bases e número de genes entre 2.100 e 2.800. Para o menor cromossomo humano, que é o cromossomo Y, mais recentemente sequenciado, obteve-se o pequeno número de 27 genes e muito DNA repetitivo, que não transcreve. Um cálculo anterior para esse mesmo cromossomo estimava-o com cerca de 55 genes.

5.2 Os genes são estruturalmente complexos

Chamamos *estrutura gênica* a organização das sequências de bases nitrogenadas que compõem o gene. Nessa organização, são reconhecidos dois tipos de regiões: (1) a *região codificadora*, a qual contém o código, isto, é a sequência de bases da qual resultará a proteína e (2) *regiões reguladoras* que não codificam proteínas, mas que irão atuar sobre a região que as codifica.

5.2.1 A região codificadora do gene: íntrons e éxons

Os genes dos eucariotos são estruturados de modo que, no trecho codificador (reiterando, na região que é traduzida para fazer a proteína), ocorrem, alternadamente, partes formadas por sequências nucleotídicas que são apenas transcritas e outras que são transcritas e traduzidas. Às primeiras foi dado o nome de íntrons (derivado de ***INTR**agenic regi**ON**= região interna do gene*) e, *às segundas,* deu-se o nome *éxons* (segundo consta, termo criado para opor-se às primeiras) (Figura 5.1).

Figura 5.1. A região codificadora do gene, que nesse esquema está contida entre as setas superiores, é composta de segmentos denominados íntrons e éxons que se alternam. Após a transcrição, a região sofrerá modificações através das quais os íntrons serão eliminados e os éxons reunidos. Estão marcados ainda, nessa figura, os pontos de início e parada da tradução, bem como a região do promotor que antecede a região codificadora.

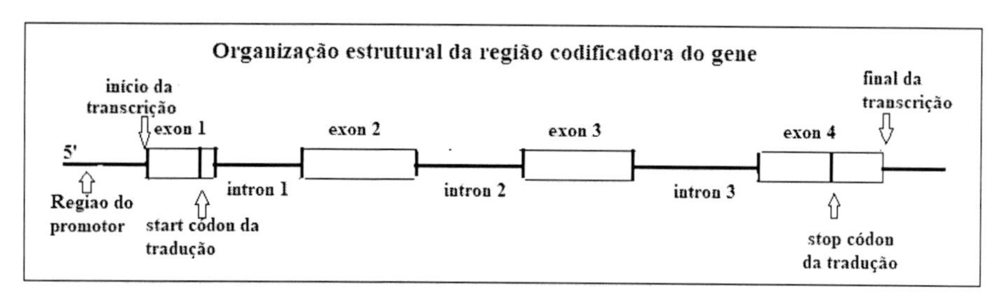

O que acontece com essas regiões será analisado com detalhes em um próximo capítulo. Por hora, vamos apenas relatar que quando o gene é ativado, tanto íntrons como éxons são transcritos, mas antes que o RNA m atravesse a membrana nuclear indo para o citoplasma, os íntrons serão eliminados e os éxons ligados. Denomina-se *quadro de leitura aberta* (*open reading frame – ORF*) a sequência de bases do DNA compreendida entre o códon de iniciação e o códon de terminação da tradução.

Embora alguns números possam variar nos resultados de diferentes estudos, dados referentes ao genoma humano indicam a presença, em média, de 8,8 éxons e 7,8 íntrons por gene, sendo 80% dos éxons formados por menos de 200 pb. O tamanho dos íntrons varia muito entre os genes de uma espécie e entre genes homólogos de diferentes espécies. Os íntrons são cerca de 10 vezes mais longos do que os éxons; uma porcentagem superior a 10% deles é formada por mais de 11.000 pb. Íntrons mais longos tornam o tempo de transcrição do gene que os contém mais prolongado, com duração até de várias horas.

5.2.2 Elementos ou módulos reguladores

Além da região codificadora, ocorrem, na estrutura gênica, várias *regiões reguladoras* dotadas de constituição nucleotídica específica e funções diferentes, envolvidas basicamente no controle da transcrição e da tradução. São sequências que, em relação ao início da região codificadora, podem localizar-se à montante (*uspstream*), isto é, anteriormente, ou à jusante (*downstream*), isto é, posteriormente. Em outras palavras, essas sequências podem, respectivamente, preceder a região codificadora, localizando-se na extremidade 5', ou sucedê-la, em direção à extremidade 3'. As regiões reguladoras podem, mesmo, estar localizadas dentro da região codificadora.

Os seguintes elementos são reguladores presentes na estrutura do gene: (1) *Utr5' e Utr3'*, regiões transcritas, mas não traduzidas (*untranslated regions*); (2) o *promotor*; (3) as *regiões potenciadoras* (*enhancers*); (4) as *regiões silenciadoras* ou *repressoras* (*silencers*); e (5) as *regiões isoladoras* (*insulators*) (Figura 5.2).

Figura 5.2. Esquema de um segmento do gene, em forma de alça, onde ocorrem elementos ou módulos reguladores. Estes são portadores de sequências nucleotídicas específicas e desempenham diferentes funções. Nessa alça de um gene estão contidos dois elementos *potenciadores*, localizados à montante e à jusante do local de início da transcrição (promotor), dois elementos *silenciadores*, localizados próximo e distante do *promotor* que inclui a regiãoTATA box e segue até o ponto de início da transcrição, e um *isolador*, localizado à montante e distalmente e em relação ao início da transcrição. As alças de DNA são produzidas pela necessidade de interação física entre elementos reguladores e o promotor; o DNA dobra-se para colocar, em contato, as regiões que devem interagir.

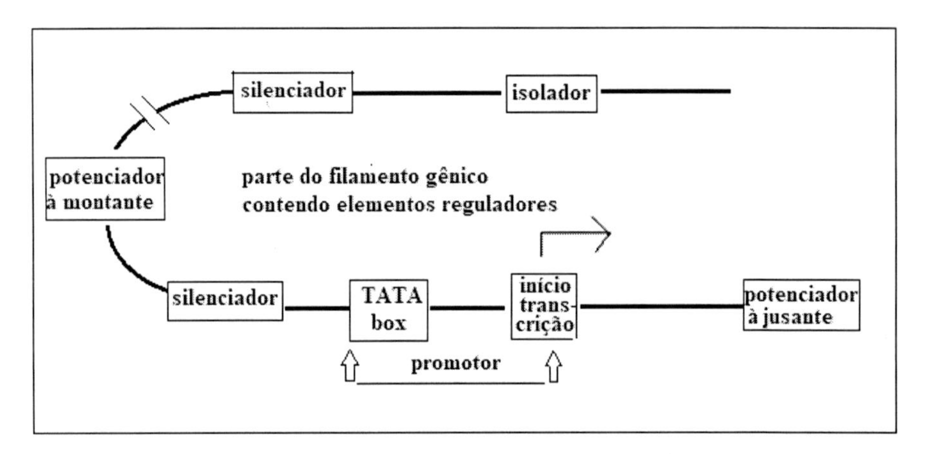

Seguem-se algumas informações a respeito desses elementos reguladores.

5.2.2.1 Regiões UTR5' e UTR 3'

As regiões UTR5' e UTR3' localizam-se, respectivamente, à montante e à jusante da região codificadora do gene, ladeando-a. A UTR 5' localiza--se imediatamente à montante do códon de início da tradução e a UTR 3' localiza-se à jusante da região codificadora, imediatamente após o códon de parada da mesma. Ambas são transcritas, mas como o próprio nome indica, não são traduzidas (Figura 5.1 e outras no decorrer do texto). No RNA m que já foi processado (isto é, já tem *quepe* e *cauda de poli A*, como veremos no próximo capítulo), a UTR 5' inicia-se no *quepe* e se estende até o *códon de iniciação* (indicador do início da transcrição). A região UTR 3' estende-se do *códon de terminação* da síntese proteica até o início da *cauda poli-(A)* (Figura 5.3).

Figura 5.3. Esquema de um RNA m mostrando a localização dos elementos reguladores UTR 5' e UTR 3'. Esse esquema mostra um RNA m que já foi submetido ao processamento, no qual foram eliminados os íntrons e anexados o quepe, na extremidade 5', e a cauda poli (A), na extremidade 3'.

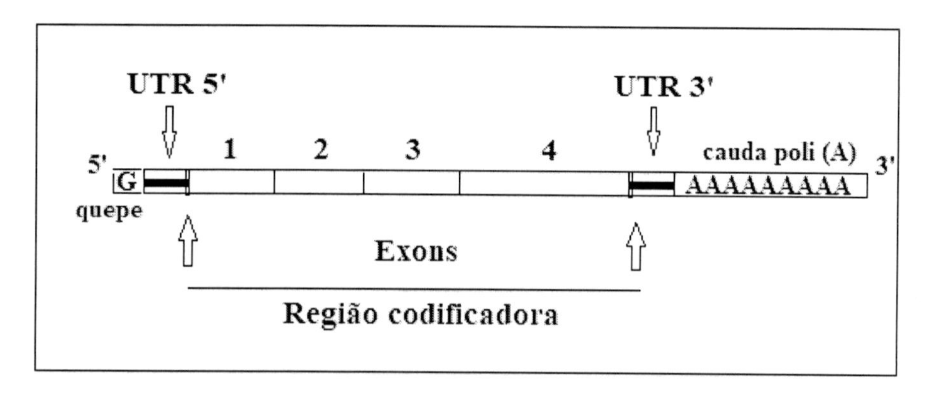

As UTRs 5' contêm, no seu interior, regiões que podem ser traduzidas em peptídeos curtos (de um a 100 aminoácidos), denominadas uORFs (*upstream open reading frames*) ou *ORFs da UTR*, em contraposição à ORF do RNA m que é denominada mORF (*major ORF* =ORF principal). Os produtos das uORFs atuam como reguladores dos RNAs m do gene onde se inserem, afetando o seu transporte para o citoplasma, a sua estabilidade e a eficiência da tradução. As UTRs 3' também contêm sequências inseridas que podem ser traduzidas e também mostram seu envolvimento na regulação pós-transcricional.

Na UTR 3' é frequente a presença de sequências denominadas *AREs* (*Au Rich Elements*= elementos ricos em adenina e uracila), com 50 a 150 nt de comprimento que desempenham papel importante na estabilização do RNA m (estabilizar, no caso, significa não deixar que ele seja degradado).

5.2.2.2 O promotor

O *promotor* é um componente fundamental da estrutura gênica, porque ele tem que ser reconhecido pela maquinaria de transcrição para que este processo seja iniciado. A maquinaria de transcrição é formada pelos *fatores de transcrição* (FTs), que serão descritos em outro capítulo, e a enzima RNA polimerase II. O comprimento do promotor é calculado como sendo de 100 a 1.000 pb.

O promotor tem sequências de bases específicas, isto é, *motivos*, também denominados *sequências de consenso*, porque são formados por uma sequência de bases que está sempre presente em um determinado tipo de elemento. Esses motivos presentes no promotor são reconhecidos pelos FTs que a eles se ligam para dar início à transcrição. Esses motivos constituem o local de ligação para os FTs e para a RNA polimerase II que está ligada a eles. A RNA polimerase é depositada nessas sequências específicas do promotor pelos FTs e isso é necessário para dar início à polimerização dos ribonucleotídeos da qual resultará o Pré-RNA. A sequência de bases que constitui o "motivo" do promotor é característica do gene que vai ser ativado e do tipo de RNA polimerase recrutado pelo sítio de iniciação.

Um aspecto importante relativo aos promotores é que eles têm a capacidade de se ligar às demais regiões reguladoras do gene, isto é, às regiões potenciadoras, silenciadoras etc., com as quais interagem, controlando o grau de transcrição dos genes. Essa ligação é física, e um dos processos pelos quais ela ocorre, como já vimos, é pela formação de alças no filamento de DNA, aproximando as regiões que devem interagir (Figura 5.1). A atuação do promotor é induzida por alteração da quantidade de proteínas reguladoras presentes na célula (meio interno), levando à ativação dos FTs para recrutar a RNA polimerase.

Os promotores dos eucariotos, que dependem da ação da RNA polimerase II, são normalmente complexos, isto é, eles portam diferentes elementos. Entre eles há elementos que formam o denominado *core promotor* ou *promotor essencial* que é o conjunto mínimo de elementos que permitem o início preciso da transcrição. O *core promotor* pode ser definido como o segmento de DNA de 60 a 120 pb (valor atualmente aceito como correto) dentro do qual a transcrição se inicia pela associação da maquinaria especial mencionada (FTs e RNA pol II).

A complexidade estrutural dos promotores, nos eucariotos, permite diferenciá-los em mais de 10 classes, contendo diferentes sequências passíveis de reconhecimento pela maquinaria de transcrição. Essas sequências nucleotídicas específicas definem o local do gene onde a transcrição deve começar e também qual filamento do DNA deve ser transcrito.

O filamento do DNA que é escolhido para ser transcrito recebe o nome de *filamento molde, filamento codificador, fita molde* ou *fita senso* (*sense strand*) em contraposição ao filamento complementar, denominado *filamento* ou *fita antisenso* (*antisense strand*), que então, não é o ativado para transcrição.

Os múltiplos elementos do promotor podem estar localizados à montante ou à jusante da região codificadora. Os mais analisados na literatura, localizados à montante, são: (1) TATA box; (2) CAT ou CAAT box; (3) GC box; (4) BRE; e (5) InR. O iniciador da transcrição está contido na sequência do elemento InR. Os elementos do promotor localizados à jusante do sítio de início da transcrição incluem: (1) o elemento DPE (*downstream promoter element*), (2) o motivo *MTE* (*motif ten elements*) e (3) o elemento DCE (*downstream core element*). A importância da presença múltipla de elementos em um promotor é *sinérgica*, isto é, os elementos interagem para melhor fixação da RNA polimerase. A Figura 5.4 relaciona esses elementos.

Figura 5.4. A relação dos principais elementos que podem estar presentes na região do promotor dos eucariotos encontra-se nessa figura com o objetivo de facilitar o entendimento de sua posição e características.

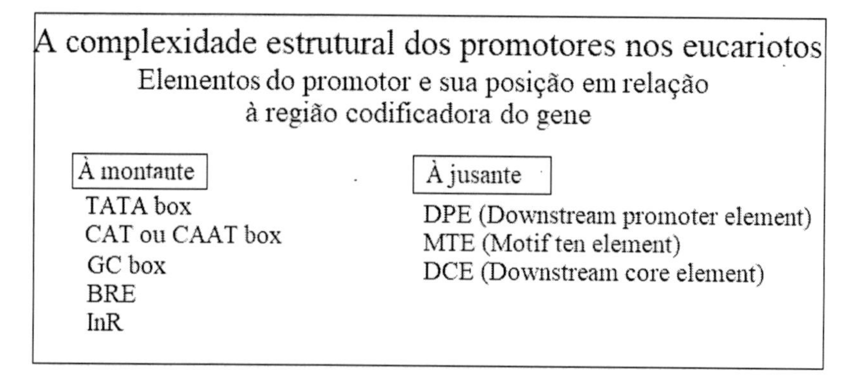

A distância dos diferentes elementos que compõem o promotor, em relação ao *ponto de início* da transcrição, medida em número de pares de bases, é fator importante no funcionamento gênico. As posições desses elementos são representadas na literatura pelos sinais + ou –, acompanhando o número de pb que indica as distâncias à montante (*upstream)*, registradas nos textos científicos em números negativos contados de +1 para trás; indicam também as posições dos elementos à jusante (*downstream*), registrados em números positivos contados de +1 para a frente (Figuras 5.5 e 5.6).

Cada elemento componente do promotor apresenta uma *sequência de consenso*. De 10 a 15% dos promotores de mamíferos apresentam o elemento TATA-box, cuja sequência de consenso é TATAAAA. Ela localiza-se entre -26 a -32 pb, à montante do sítio de início da transcrição. O motivo TATA-box foi o primeiro a ser descrito e é o melhor conhecido dos core-promotores (Figuras 5.5 e 5.6).

Figura 5.5. Esquema da estrutura do gene para mostrar a localização das regiões reguladoras UTR 5' e UTR 3' (que ladeiam a região codificadora) e quatro elementos do promotor, localizados à montante da região que é transcrita. São apresentadas as sequências de consenso que caracterizam os três primeiros elementos do promotor no esquema (GC box, CAAT e TATA box). O elemento InR contém o ponto de início da transcrição. A seta indica a direção de síntese do pré-RNA (5'>3'). Os valores dispostos no esquema, em cima dos elementos do promotor, referem-se às suas distâncias, em número de bases, em relação ao iniciador da transcrição (InR) (adaptado de Trall e Gooodrich, 2013).

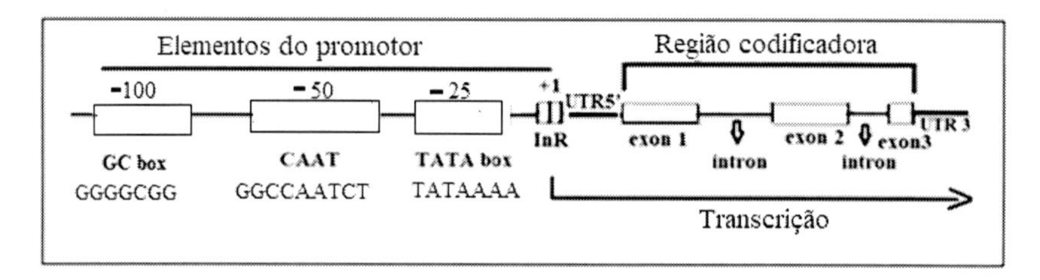

Figura 5.6. O esquema mostra outra composição de elementos do promotor e suas distâncias, medidas em número de pares de bases, relativas ao iniciador da transcrição (InR). Inclui também o elemento BRE (BREu e BREd) e os três elementos que se localizam à jusante, MTE, DPE e DCE, este último sobrepondo-se à localização de MTE e DPE (adaptado de Trall e Gooodrich, 2013).

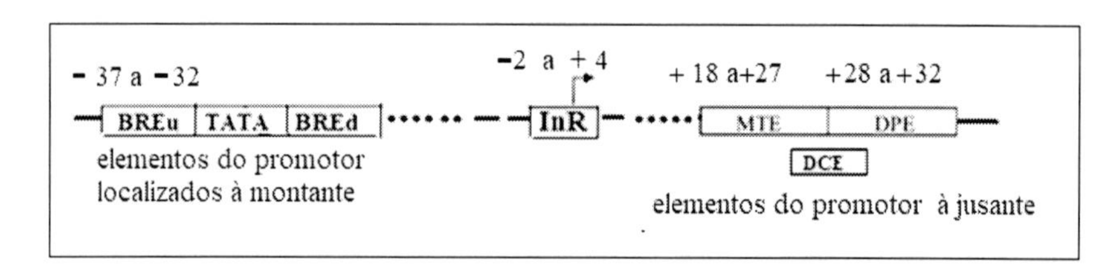

Já se tem um conhecimento razoável sobre os elementos do promotor, seu funcionamento e interações. Seguem alguns desses detalhes, mas muitos mais podem ser buscados na literatura.

1. O elemento InR (elemento ou motivo iniciador) é parte do promotor essencial. Ele circunda o sítio de início da transcrição e sua sequência de consenso varia com o organismo, em tipo e número de bases.
2. O elemento BRE (*TFIIB recognition element*) é importante porque apresenta a sequência de reconhecimento para o fator de transcrição TFII que transporta a RNA pol II para transcrição. Esse motivo pode estar presente em ambos os lados de TATA box, sendo o BRE na posição à montante denominado BREu (de *upstream*) e o localizado à jusante denominado BREd (de *downstream*). BRE funciona tanto para ativar como para reprimir a transcrição.
3. Vários genes estruturais têm core-promotores que apresentam TATA box, InR, MTE e DPE, mas a grande maioria é TATA-less, isto é, não tem TATA box e contém apenas as sequências InR e DPE.
4. Algumas combinações de sequências sugerem um forte sinergismo na atividade transcricional.
5. Quando InR e DPE ocorrem juntos, há um espaçamento fixo entre suas sequências (três bp), que não pode ser reduzido, mostrando que a distância entre os elementos é também um fator importante para as interações. A redução desse espaço, no presente caso, tem como resultado uma redução na taxa de transcrição de sete a oito vezes devido a um forte enfraquecimento da ligação da polimerase II. Observa-se, assim, que o funcionamento do core-promotor envolve, frequentemente, a interação de diferentes sequências que o constituem, para que haja um resultado efetivo.

De acordo com sua disposição ao longo do gene e a forma de funcionamento, os promotores podem ainda ser classificados como (1) alternativos, (2) bidirecionais, (3) fortes ou fracos.

Os ***promotores alternativos*** são uma fonte importante de isoformas de RNA m e, consequentemente, de isoformas proteicas. Isso decorre da presença de mais de um sítio de início da transcrição no gene, isto é, mais de um promotor. Vimos que, no início do estudo do DNA como substância da hereditariedade, tinha-se como certa a afirmativa: *um gene = uma proteína* (a cada gene corresponde uma proteína). A continuidade dos estudos mostrou que isso não é verdade para aproximadamente 50% dos genes humanos. Para estes, *um gene = mais de uma proteína.* Os genes que produzem proteínas diferentes são denominados *unidades transcricionais complexas* que se contrapõem às *unidades transcricionais simples* que codificam apenas um produto proteico. Muitas vezes um segundo promotor pode ter origem em um elemento potenciador (*enhancer*), que muda sua função. Promotores alternativos (derivados ou não de *enhancer*) geralmente são tecido-específicos, isto é, ocorrem em determinados tecidos (Figura 5.7).

Figura 5.7. Esquema de um gene portador de três promotores (P1, P2 e P3) e sete éxons (e1 a e7). De acordo com o promotor utilizado na transcrição, os produtos (isoformas de RNA m) irão diferir. Se for P1, estarão presentes no RNA m, os 7 éxons, se for P2, ficarão ausentes e1 e e2 e se for P3 estarão ausentes os 4 primeiros éxons, e1 a e4.

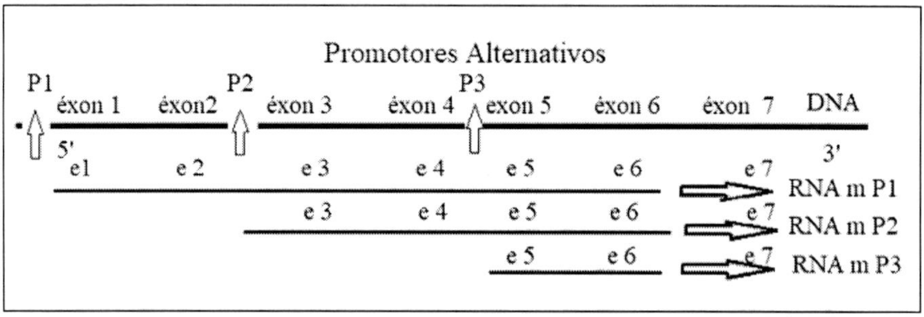

Promotores Alternativos
P1 éxon 1 éxon2 P2 éxon 3 éxon 4 P3 exon 5 éxon 6 éxon 7 DNA
5' 3'
e1 e 2 e 3 e 4 e 5 e 6 e 7 RNA m P1
e 3 e 4 e 5 e 6 e 7 RNA m P2
e 5 e 6 e 7 RNA m P3

Os *promotores bidirecionais* são considerados comuns nos genomas de mamíferos por ocorrerem em cerca de 11% dos genes desses organismos. Esses promotores são segmentos de DNA localizados entre dois genes adjacentes e codificados em filamentos opostos, tendo suas extremidades 5' orientadas de forma contrária. Esses promotores são curtos, com comprimentos menores do que 1k pb. Os dois genes entre os quais se colocam são frequentemente relacionados quanto à função. Um exemplo de promotor bidirecional é o promotor do gene *Catsper1,* que mostra esse tipo de atividade transcricional nas células espermatogoniais analisadas em camundongos. Na direção senso o promotor desse gene produz uma proteína envolvida com o movimento dos espermatozoides e na direção antisenso regula a expressão de um gene divergente chamado (*Catsper1* antisenso upstream transcript), expresso no testículo e no fígado de ratos machos adultos (Figura 5.8).

Figura 5.8. Esquema do promotor Catsper1 que, na orientação *senso*, atua na expressão do gene *Catsper 1* e na orientação *anti-senso*, atua na expressão do gene *Catsper1au*.

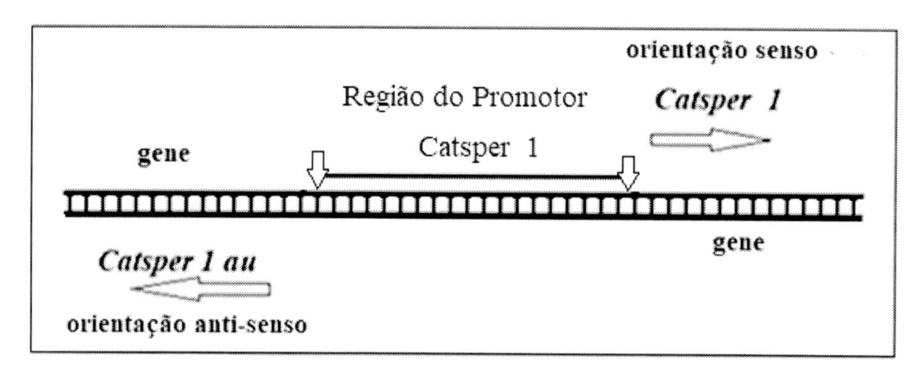

Os promotores são ainda classificados em ***fortes*** ou ***fracos*** com base na taxa de transcrição dos genes por ele controlados. O promotor ativo ou forte mostra uma taxa elevada de transcrição e, portanto, sua produção de RNA m é elevada. Contrariamente, o promotor fraco apresenta taxa de transcrição em níveis relativamente baixos e, consequentemente, tem baixa produção de RNA m.

5.2.2.3 Elementos potenciadores (enhancers)

Os elementos *potenciadores* (ou *enhancers*) são regiões de 50 a 1.500 pb que, como os outros elementos reguladores, contêm sítios ou sequências de reconhecimento às quais se ligam as proteínas ativadoras denominadas fatores de transcrição. Essa ligação gera aumento nos níveis da transcrição por facilitar o acesso da RNA polimerase ao promotor. Sem a ação dos elementos *potenciadores*, a transcrição ocorre em níveis básicos.

Essas regiões podem localizar-se à montante, à jusante, dentro da região UTR ou dentro de um íntron. Podem ainda localizar-se a longas distâncias do promotor do gene que controlam (a mais de um milhão de pb! [1M pb]), e ainda assim são atuantes. Também atuam independentemente da orientação em relação ao promotor, isto é, quer esta seja 5'>3' ou 3>5'. Isso significa que a sequência potenciadora, mesmo invertida, pode afetar a expressão gênica. Essa sequência pode ainda agir em ***cis*** ou ***trans***, relativamente ao promotor que afeta.

Distingue-se, na relação entre genes e seus reguladores, a interação em *cis* e a atuação em *trans*. O primeiro caso refere-se à situação em que o segmento de DNA de ambos (segmento regulado e segmento ou módulo regulador) localiza-se no mesmo filamento como o gene e seu *promotor* ou seus *enhancers*. O segundo caso refere-se à situação em que ambos os segmentos, regulado e regulador, localizam-se em filamentos diferentes, como os genes e as proteínas envolvidas em sua ativação, produzidas em cromossomos diferentes.

A literatura menciona a existência de mais de um milhão de *potenciadores* no genoma humano. Eles podem formar agrupamento, localizando-se próximos uns dos outros e nesse caso constituem o que se chama um *super-enhancer*. Nessa condição, todos eles sendo ativados, simultaneamente, levam à superexpressão do gene a que se relacionam.

Para que a sequência *potenciadora* (ou qualquer outra sequência reguladora) possa atuar, deve entrar em contato físico com a região promotora. Isso é possível primeiro, porque a estrutura superenovelada da cromatina já causa redução da distância linear entre elas; e segundo, porque, quando a proteína ativadora se liga ao potenciador, a molécula de DNA se dobra, formando alça, já mencionada, que permite o contato das duas regiões (Figura 5.9).

Os elementos *potenciadores* também são classificados como fortes ou fracos, dependendo do efeito que causam nas taxas de transcrição. Eles são transcritos, produzindo RNAs (denominados *eRNAs* sendo o "e" de *enhancer*) que não são traduzidos e que parecem atuar como estabilizadores da interação entre *enhancer* e promotor. A descoberta de que uma sequência ativadora pode, em determinadas circunstâncias, agir como silenciadora e vice-versa, dificulta a diferenciação das duas categorias.

Figura 5.9. Esquema. O DNA muda sua conformação, formando uma alça que permite à região do promotor, já associada aos fatores de transcrição e à RNA polimerase, entrar em contato com o potenciador (*enhancer*) ligado à proteína ativadora. Essa ligação entre as duas regiões do gene altera os níveis de síntese do RNA.

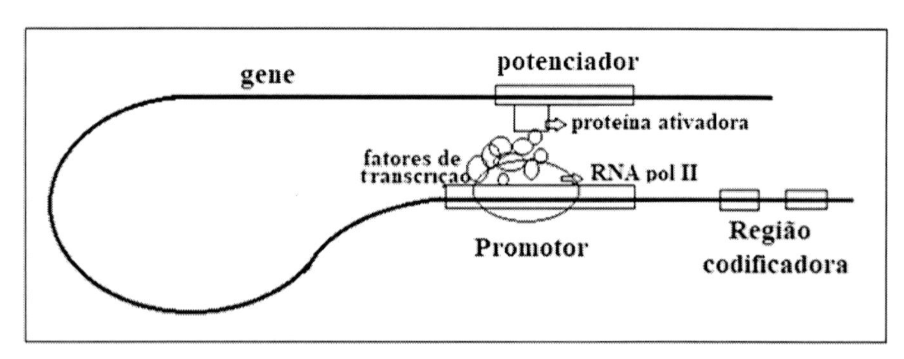

5.2.2.4 Silenciadores ou repressores

Como o próprio nome indica, os *silenciadores* atuam de forma oposta aos *potenciadores*; isto é, são antagonistas. Quando proteínas denominadas *repressoras* se ligam às regiões *silenciadoras*, a RNA-polimerase fica impedida de atuar e assim o gene não é transcrito (Figura 5.10). Portanto, diferentemente das sequências *potenciadoras* que exercem um efeito positivo sobre a transcrição, as sequências silenciadoras exercem um efeito negativo. A localização das sequências *silenciadoras* em relação ao promotor que controlam, também é muito variável, tendo sido localizadas à montante, à jusante, dentro de um íntron ou um éxon do próprio gene e dentro da região UTR3'.

Figura 5.10. Comparação do efeito dos elementos reguladores *potenciador* (*enhancer*) e *silenciador* ou *repressor*, respectivamente, nos esquemas A e B. O *potenciador*, quando é reconhecido por FTs específicos (fatores de transcrição), interage com o *promotor*, promovendo o aumento da taxa de transcrição. Por sua vez, o *silenciador*, também reconhecido pelos FTs específicos e em interação com o *promotor*, bloqueia a transcrição. A aproximação do promotor, tanto da região potenciadora como da silenciadora envolve a formação de alças que não são mostradas nesse esquema.

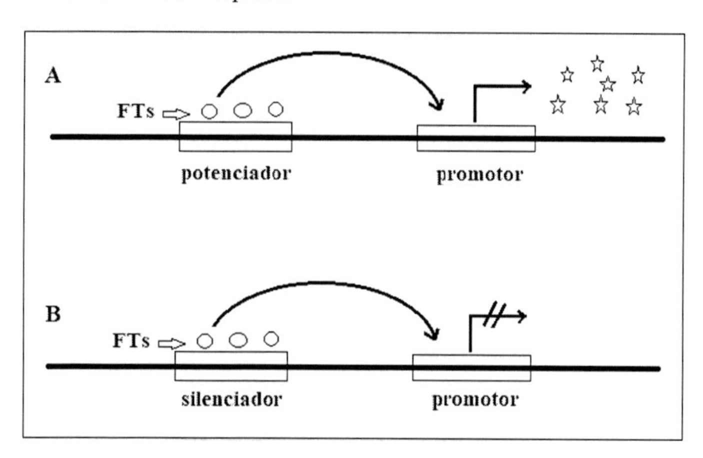

5.2.2.5 Isoladores

Os *isoladores* são sequências nucleotídicas reguladoras que podem atuar a longas distâncias do promotor, apresentam normalmente 300 a 2.000 bp, e contêm sítios de ligação para proteínas específicas. Eles bloqueiam interações inapropriadas entre o promotor e elementos reguladores que podem pôr em risco a expressão gênica correta. Pode-se dizer que os *iso-*

ladores são sequências de DNA que definem os domínios gênicos, de modo que o *promotor* de um domínio não pode ser ativado por um *potenciador* de um domínio diferente. Os isoladores também atuam entre o *promotor* e um *repressor*, liberando a transcrição (Figura 5.11).

Figura 5.11. Esquema. O ativador interage com o promotor à montante produzindo um efeito funcional, mas a interação entre o ativador e o promotor à jusante é bloqueada pela presença, entre eles, de um isolador. A aproximação física entre os elementos não está demonstrada nesse esquema.

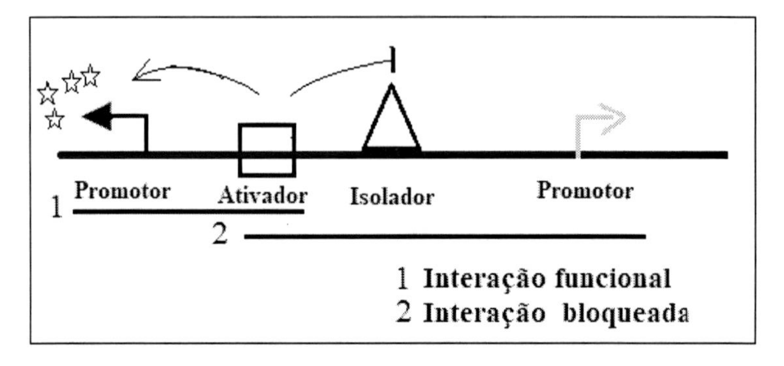

5.3 *Enhancers* e doenças humanas

Anomalias de sequências reguladoras também estão envolvidas entre as causas de doenças do homem. Isso ocorre com *enhancers* cuja função normal se altera devido a mudanças de sua posição no cromossomo ou por variação de sua sequência de bases ou, ainda, por modulação epigenética (será visto em capítulo futuro). Essas alterações e as numéricas que ocorrem nos super-*enhancers* têm sido associadas com câncer, malformações, diabetes e doenças raras, sugerindo que *enhancers* poderão tornar-se um alvo importante no campo da medicina, visando ao estudo das doenças e também do desenvolvimento de novos medicamentos.

5.4 Comentário

O DNA apresenta-se, nas células, organizado em genes e esses se condensam, formando cromossomos. Neste capítulo, é analisada a estrutura do gene e o papel funcional de suas diferentes partes. Basicamente, o gene tem uma *região codificadora* que abriga o código que é passado ao RNA m pela transcrição e desse à proteína pela tradução. O gene contém, ainda, outras regiões, com códigos específicos, cuja função é controlar a região codificadora. Além de ativá-la, as *regiões reguladoras* devem controlar a intensidade da síntese e mesmo causar seu bloqueio, quando necessário. Deduz-se, assim, que a interação entre a parte codificadora e os elementos reguladores do gene é essencial no comando da *expressão gênica*.

5.5 Referências

CLARINGBOULD, A.; ZAUGG, J. B. Enhancers in disease: molecular basis and emerging treatment strategies. *Trends in Molecular Medicine*, v. 27, n. 11, p. 1060-1073, 2021. Disponível em: https://www.cell.com/trends/molecular-medicine/pdf/S1471-4914(21)00197-0.pdf. Acesso em: 20 out. 2023.

KOLOVOS, P.; KNOCH, T. A.; GROSVELD, F. G. *et al*. Enhancers and silencers: an integrated and simple model for their function. *Epigenetics & Chromatin*, v. 5, n. 1, 2012. Disponível em: https://epigeneticsandchromatin.biomedcentral.com/articles/10.1186/1756-8935-5-1. Acesso em: 20 out. 2023.

NURK, S.; KOREN, S.; RHIE, A + 97 autores. The complete sequence of a human genome. *Science*, v. 376, n. 6588, p. 44-53, 2022. Disponível em: Doi: 10.1126/science.abj6987. Acesso em: 18 jan. 2024.

ÖZDEMIR, I.; GAMBETTA*, M. C. The Role of Insulation in Patterning Gene Expression. *Genes* (Basel), v. 10, n. 10, p. 767, 2019. Disponível em: Doi: 10.3390/genes10100767. Acesso em: 20 out. 2023.

SAFADY, N. G. Enhancer: elemento genético associado a doenças. *Varsomics*, Medicina de Precisão do Hospital Israelita Albert Einstein. Conceitos em Genética. 15 abr. 2021. Disponível em: https://blog.varsomics.com/enhancer-elemento-genetico-associado-a-progressao-de-doencas/. Acesso em: 20 out. 2023.

SLOUTSKIN, A.; SHIR-SHAPIRA, H.; FREIMAN, R. N.; JUVEN-GERSHON, T. The Core Promoter Is a Regulatory Hub for Developmental Gene Expression. *Front. Cell Dev. Biol.*, v. 9, 2021. Sec. Evolutionary Developmental Biology. Disponível em: https://doi.org/10.3389/fcell.2021.666508. Acesso em: 20 out. 2023.

THRALL, J. M. H.; GOODRICH, J. A. *Brenner's Encyclopedia of Genetics (Second Edition)*. 2013. ISBN: 9780123749840.

Capítulo 6

OS FATORES DE TRANSCRIÇÃO E A EXPRESSÃO GÊNICA (MARCANDO GENES PARA FUNCIONAR)

6.1 Introdução

Quando os genes codificadores de um organismo são ativados pelos mecanismos de regulação gênica, ocorre sua transcrição, resultando RNAs m que são traduzidos, produzindo proteínas. Estas, na forma de enzimas ou "tijolos" de construção, irão atender às necessidades celulares do momento. Transcrição e tradução são, assim, os dois processos que viabilizam a expressão gênica materializada na proteína, que é seu produto final tanto em humanos como nos demais organismos, eucariotos e procariotos.

6.2 Como a célula recebe a informação sobre a proteína requerida

A informação sobre quais genes devem ser expressos, na célula, em um dado momento, é mediada por elementos do meio ambiente interno e externo à célula. Esses elementos que contêm a informação são encaminhados através de vias moleculares, nela existentes, como as propiciadas pelos receptores específicos presentes na membrana ou no interior da célula. Essas vias convertem as informações em mudanças da expressão gênica. As proteínas receptoras são vias ou caminhos moleculares fundamentais para transmissão desses comandos.

Quando um sinal químico (chamado *ligante*), específico para a necessidade proteica do momento, associa-se à *proteína receptora* localizada na membrana celular, ela (proteína receptora) o conduz ao interior da célula. Nesse caso, os *ligantes* são sinais que não conseguem atravessar a camada bilipídica da membrana; podem ser um hormônio, um neurotransmissor ou outros. A proteína receptora é portadora de estrutura complementar à do ligante (tipo chave e fechadura); assim, essa ligação é exclusiva, de um, ou de poucos ligantes. No interior da célula, o ligante ativa uma cascata de enzimas, íons e outras moléculas, e essa cascata, ativada, transfere a mensagem contida no ligante ao núcleo da célula, que responde à informação recebida passando a produzir a proteína que está sendo solicitada. O ligante é também denominado *primeiro mensageiro* e a cascata, ativada no interior da célula, é o *segundo mensageiro* (Figura 6.1).

Figura 6.1. Esquema de parte de uma célula contendo as etapas do mecanismo de seleção e ativação gênicas. A proteína requerida no momento foi chamada *proteína X*. *O ligante*, ao ligar-se ao *receptor de membrana*, envia o recado de que essa proteína está sendo necessária, uma vez que ele é específico. O *ligante* ou *mensageiro primário*, representado no esquema por um losango, referente à proteína X, ao ligar-se ao *receptor de membrana*, ativa-o. O receptor, ativado, transfere o ligante para o interior da célula. O ligante, então, ativa o *mensageiro secundário* (representado no esquema por figuras geométricas e estrelas, correspondendo às diferentes substâncias que o compõem). O *mensageiro secundário*, agora ativado, percorre o citoplasma e penetra no núcleo da célula onde ativa a *maquinaria de transcrição* (MT) que, por sua vez, reconhece o "motivo" do DNA X responsável pela síntese da proteína X, requerida pela célula, e ativa-o. O DNA ativado transcreve o RNA m correspondente, que é traduzido, produzindo a proteína necessária. Portanto, o processo é composto por uma sequencia de ativações desencadeadas pelo ligante.

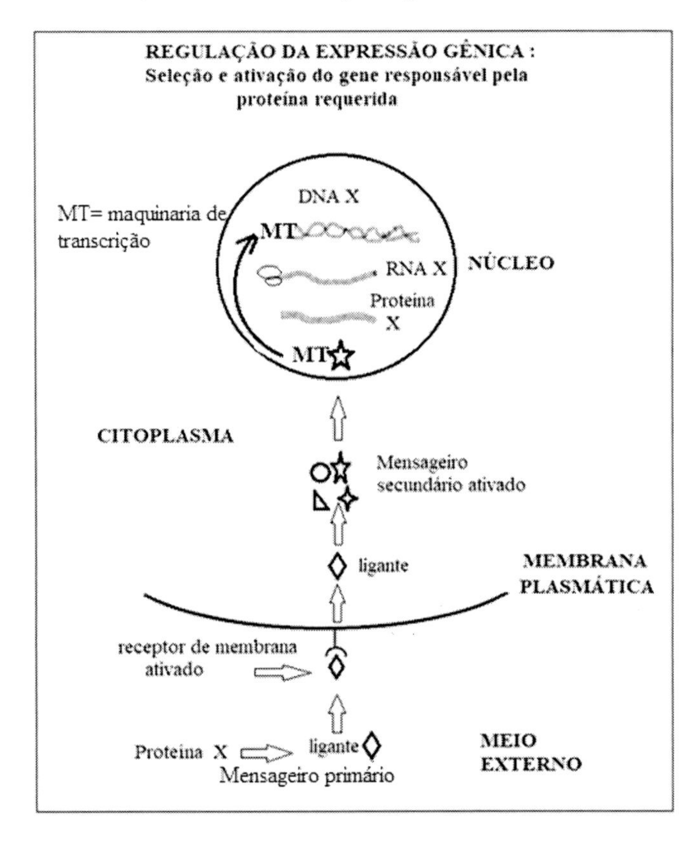

6.3 Regulação transcricional: os fatores de transcrição e a RNA polimerase

A transcrição resulta da polimerização dos ribonucleotídeos modelados pelo DNA para compor a molécula de RNA. Essa é uma tarefa exclusiva das enzimas *RNA polimerases*. Porém, essas enzimas não são capazes, sozinhas, de achar, em meio à grande quantidade de genes que compõem o genoma dos eucariotos, onde estão aqueles que devem ser ativados, em determinado momento, sob o comando da mensagem recebida. Para isso, as RNA polimerases (RNA Pols) necessitam do auxílio das proteínas denominadas *Fatores de Transcrição* (FTs), em inglês *transcription factors* (TFs). Os FTs e as RNA Pols fazem parte da maquinaria de transcrição que é acionada pelo mensageiro secundário, no núcleo celular, para ativar o gene-alvo.

Nessa tarefa, os FTs devem ligar-se às RNA Pols, primeiramente. Tanto os FTs como as RNA Pols são específicas para ligar entre si e para se ligar ao gene-alvo.

Os FTs são classificados em três tipos, TFI, TFII e TFIII, que se ligam, respectivamente, à Pol I, à Pol II e à Pol III, para depois se associarem ao DNA. A Pol I, associada a TF I, transcreve o RNA r, a Pol II, associada a TF II, transcreve o RNA m e a Pol III, associada a TF III, atua, principalmente, na transcrição do RNA t.

6.4 Como os *fatores de transcrição* encontram os genes que devem ser transcritos

As combinações de FTs com as RNA Pols reconhecem o DNA a ser transcrito (gene-alvo) pela presença, no mesmo, de uma sequência de bases específica que cada gene a ser transcrito contém. Os FTs associados às RNAs Pols ligam-se a essa sequência marcadora, na qual liberam a polimerase para que dê início ao seu trabalho. Após a liberação, os FTs tornam-se livres para novo uso. Os *motivos* que os FTs reconhecem, no DNA, fazem parte dos *elementos* do *promotor*. São, portanto, os FTs que realizam o primeiro passo no reconhecimento direto da sequência de bases dos genes a serem descodificados.

Os FTs são, assim, essenciais como elementos reguladores da expressão gênica. Ocorrem em todos os organismos e seu número parece guardar uma relação com o tamanho do genoma, sendo maior nos organismos de maior concentração de DNA. Assim, nos eucariotos, os FTs são muito numerosos. Calcula-se que de 8% a 10% dos genes no genoma humano codificam FTs.

Em uma revisão relativamente recente do assunto, foi apresentado um catálogo com mais de 1.600 FTs identificados nesse genoma. No catálogo, aproximadamente dois terços dos FTs incluíam a descrição da sequência de bases dos *motivos* que eles reconhecem no DNA, um conhecimento muito interessante quanto à possibilidade de aplicação.

Dado o número de genes presentes no núcleo de uma célula, o reconhecimento dos genes que devem ser ativados parece ser uma tarefa gigante, mas os FTs são "qualificados" para realizá-la. Isto se deve à sua especial capacidade de detectar os "motivos", presentes na região promotora do gene a ser ativado, e de ligar-se diretamente a eles, sinalizando o gene a ser transcrito e também o local de início da transcrição pela liberação da RNA polimerase que transportam. O conjunto total dos FTs presentes em uma célula varia, dependendo das necessidades da mesma, no momento.

Os FTs são proteínas diferenciadas em *famílias*, entendendo-se por família um grupo de proteínas derivadas, por modificação, de uma mesma proteína ancestral. Assim, as famílias apresentam semelhança quanto à estrutura tridimensional, à sequência de aminoácidos e às funções. Essas famílias têm a capacidade de reconhecer, no DNA, motivos portadores de pequenas diferenças.

Os FTs são moléculas modulares, isto é, apresentam, em sua estrutura, módulos com sequência de bases diferentes que lhes conferem funções diferentes. Essas sequências incluem: (1) o *domínio de ligação* às sequencias específicas do DNA (*DNA-binding domain* – DBD); (2) um ou mais domínios de ativação (*activation domain* – AD); (3) frequentemente, um domínio de dimerização que contém sítios de ligação a outras proteínas necessárias para o funcionamento, como os fatores co-reguladores; e (4) o domínio sensor, opcional (*signal-sensing domain-SSD*) que recebe sinais externos e os transmite para o resto do complexo de transcrição, regulando o nível da expressão. Esses domínios podem, também, estar presentes em FTs separados, que se associam para formar o complexo de transcrição.

Os fatores de transcrição convertem *sinais transitórios* do ambiente, presentes na superfície da célula, em modificações da transcrição gênica. Atuam, portanto, como *mensageiros nucleares*. A ativação dos FTs pode ser complexa, requerendo várias vias de *transdução de sinais intracelulares*, incluindo as quinases PKA, MAPKs, JAKs, e PKCs estimuladas por receptores da superfície celular. Mas os FTs podem ser, também, diretamente ativados por ligantes como glucocorticoides e vitaminas A e D. Os FTs podem sofrer modificações pós-traducionais por fosforilação, acetilação e nitração, com efeitos na capacidade de ligação ao DNA ou na sua atividade de transcrição.

Porque os FTs são dotados de sequências específicas que lhes permitem ligar-se, não só à molécula do DNA, mas também a outras proteínas, podem formar complexos proteicos que recrutam a RNA polimerase. FTs da mesma família podem atuar conjuntamente na transcrição de um mesmo gene, caracterizando cooperação e sinergia. Grupos de TFs também funcionam de modo coordenado quando devem ativar genes cujas proteínas atuarão, em conjunto, em um mesmo processo como a divisão celular e a apoptose (morte celular programada) que são processos normais à vida do organismo.

Assim, esclarece-se a dúvida do início da descoberta dos MRGs quanto a explicar porque, embora os diversos tipos de células de um organismo sejam portadores de um mesmo genótipo, têm a capacidade de gerar os diferentes tipos de proteínas que as caracterizam. Isso decorre da capacidade dos FTs em ativar diferencialmente os genes em cada tecido para atender suas necessidades específicas. Estima-se que o corpo humano seja formado por cerca de 37 trilhões de células (pessoa de 70 quilos), pertencentes a 130 tipos diferentes. Outras estimativas trazem valores, já mencionados, como 36 trilhões para os homens e 28 trilhões para as mulheres ou mesmo um valor geral de 100 trilhões de células de 200 tipos diferentes.

6.5 Como os fatores de transcrição se associam ao DNA

Os FTs podem ser definidos como moléculas adaptadoras que detectam sequências específicas presentes no DNA e formam complexos proteicos que controlam a expressão gênica. Quando se juntam também à RNA polimerase, compõem o chamado *complexo de iniciação da transcrição* ou *complexo de pré-iniciação* ou *aparelho de transcrição basal*. Este se liga ao promotor localizado à montante do gene, que o complexo regula, e ativa-o.

Existem FTs que ocorrem em todas as células e têm a capacidade de interagir com o *promotor* de todas as classes de genes que produzem RNA m. Esses fatores são denominados *fatores gerais de transcrição* (GTFs= *general transcription factors*), também conhecidos como *fatores de transcrição basal*. Os mais comuns são TFIIA, TFIIB, TFIID, TFIIE, TFIIF e TFIIH.

Dentro do *promotor*, porém, os FTs ligam-se de forma específica aos elementos que o compõem. Por exemplo, *TAF6* e *TAF9* ligam-se ao elemento do promotor DPE, e *TFIID* liga-se ao elemento MTE.

A sequência de passos para o início da transcrição é a contida no esquema da Figura 6.2. Na formação do *complexo de iniciação*, o primeiro passo envolve a ligação do fator TFIID ao core do promotor, mais precisamente ao TATA box, quando este está presente. O TFIID, em si, já é um complexo formado pela TBP (denominação derivada de **T**ATA **B**ox **B**inding **P**rotein) + oito ou mais subunidades TAFs (denominação derivada de **T**BP **A**ssociated **F**actors). TBP é o único TF do conjunto capaz de reconhecer o *motivo* do DNA. Em seguida, ao TFIID, que já está associado ao promotor, liga-se o fator de transcrição TFIIA, formando o complexo D-A que estabiliza a ligação do TFIID ao promotor e impede a associação de inibidores. No próximo passo, o fator de transcrição TFIIB liga-se ao complexo D-A. Só agora a RNA Polimerase, já associada ao fator TFIIF, reúne-se ao conjunto. Essa interação com a RNA Pol é exclusiva do TFIIF. Em seguida, ocorre a associação dos fatores TFIIE e TFIIH, completando o *complexo de iniciação da polimerase* (PIC: *Polimerase Initiation Complex*). A não obediência à ordem alfabética na denominação dos FTs, na sequência de passos do processo, é devida ao fato de que os fatores foram sendo denominados pelas letras do alfabeto à medida que foram sendo descritos, sem conhecimento prévio de como se associavam.

Figura 6.2. Esquema da sequência de ligação entre os fatores de transcrição (TAFs) e a RNA polimerase II, formando o *complexo de iniciação* que se associa ao promotor do gene para transcrição do RNA m. Nesse esquema, os componentes do complexo de iniciação ligam-se ao elemento TATA *box* do promotor, obedecendo à sequência de 1 a 6.

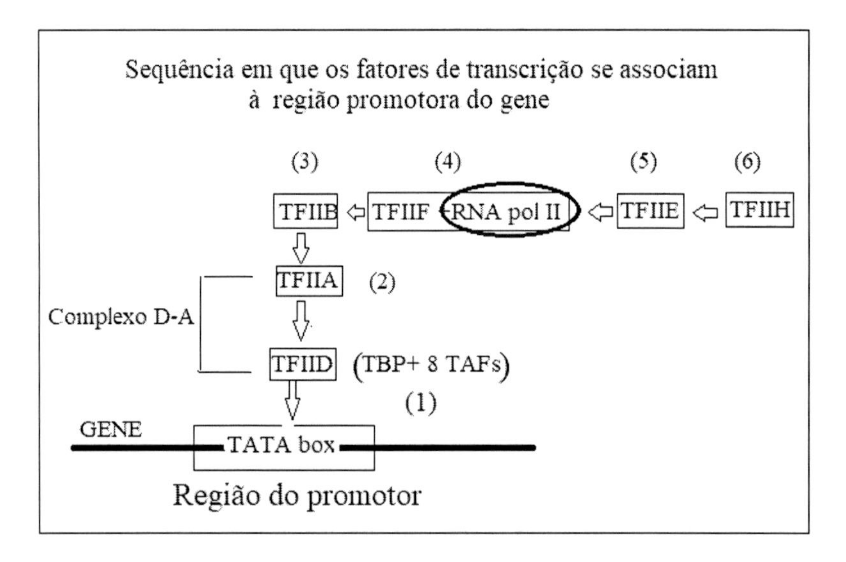

As moléculas TBP e TFIIF têm, portanto, duas regiões de ligação, sendo que TBP tem uma ligação para outro TF e uma para a região promotora, enquanto o TFIIF tem uma para outro TF e uma para a RNA polimerase II.

Apenas após o complexo de iniciação estar ligado ao *core-promotor* do gene, a RNA polimerase pode começar a transcrição, em níveis básicos. A modulação, isto é, a adequação do nível de transcrição ao necessário, requer que outros fatores de ligação denominados *reguladores* também se liguem a outras sequências específicas do DNA, como os *potenciadores* (*enhancers*), já vistos em capítulo anterior.

Os fatores de transcrição apresentam diferentes arranjos estruturais de ligação ao DNA dos eucariotos, tais como dedo de zinco (*zinc finger*: ZF), hélice-alça-hélice (*helix-loop-helix:bHLH*) e ziper de leucina ((*leucine zipper:bZIP*) que serão vistos em outro capítulo deste texto.

6.6 Alguns detalhes sobre a atuação dos FTs

Alguns TFs humanos como o TBP podem recrutar diretamente a RNA-pol II. A maioria, porém, precisa recrutar fatores acessórios, envolvidos com fases específicas da transcrição. Nesses casos, apenas o reconhecimento da sequência de ligação ao DNA não permite que os TFs iniciem a transcrição. Faltam-lhes funções que são fornecidas por *complexos efetores*, entre os quais o complexo *Mediator*, os complexos *CRCs* (complexos remodeladores da cromatina) e *os complexos modificadores das histonas* (HMCs).

Como seus próprios nomes indicam, os fatores assessórios atuam em outro nível da transcrição. Os complexos CRC agem na estrutura da cromatina (sobre os nucleossomos) para expor o DNA do gene a ser transcrito. As modificações da cromatina e dos nucleossomos são necessárias para criar espaço para a RNA-polimerase ligar-se ao DNA e começar a transcrição. Os complexos HMC modificam covalentemente as caudas das histonas que compõem os nucleossomos, e o complexo Mediator atua na região ativadora (*enhancer*) fazendo ponte entre os FTs e a maquinaria da RNA polimerase II, formando assim o complexo de pré-iniciação (PIC= *pre initiation complex*).

O modelo aceito atualmente para explicar o início da transcrição apresenta três etapas. Na primeira, os FTs ligam-se aos sítios de reconhecimento presentes na região promotora do gene que deve ser acionado (gene-alvo). Na segunda etapa, os FTs recrutam um complexo CRC e o complexo Mediator. Como já foi mencionado, o Mediator forma o complexo de pré-iniciação (PIC). O complexo Mediator associa-se à maioria dos genes transcritos e age como um integrador de múltiplos sinais. CRCs e HMCs são seletivamente recrutados pelos TFs, formando as combinações TF-CRC e TF-MC, que ainda não estão bem entendidas.

No decorrer do processo de transcrição, o domínio C terminal da RNA pol II é altamente fosforilado e ela passa a ser chamada RNAPHO. A região CTD da RNA polimerase II comanda muitos eventos durante a transcrição. Modulada pela fosforilação, ela atua sobre a cromatina de modo a influenciar a iniciação, o alongamento e a terminação da transcrição.

6.7 FTs e doenças humanas

Mutações dos FTs que afetam sua atividade de alguma forma, comprometendo o grau de expressão gênica ou a capacidade de associação ao DNA, podem ser causa de doenças humanas. Por exemplo, neoplasias desenvolvem-se quando os genes *myc, fos* e *jun*, produtores de FTs, sofrem alguma alteração, afetando a sequência de eventos que regulam a reprodução celular, tornando-a descontrolada. É o caso, também, do gene *P53*, supressor de tumor, conhecido por seu envolvimento nessa patologia; ele codifica um fator de transcrição que controla, de forma positiva ou negativa, a expressão de diversos genes envolvidos em várias vias celulares, dentre as quais está o ciclo celular, que é afetado quando ele sofre alteração. Além de muitas formas de câncer, outras doenças e síndromes, incluindo problemas autoimunes, neurológicos, cardiovasculares, psiquiátricos etc. têm sido relacionadas a mutações dos fatores de transcrição. Os diferentes aspectos da atuação dos FTs têm sido alvo de múltiplas abordagens e têm trazido boas perspectivas no que se refere ao desenvolvimento de novas drogas, potencialmente endereçadas à cura das patologias causadas por alterações de sua atividade.

6.8 Comentário

Neste capítulo, são focalizados os *fatores de transcrição* (FTs) e seu papel na regulação da *expressão gênica*. São proteínas produzidas a partir de genes especiais e sua função é reconhecer, pela presença de uma "marca" ou "motivo" na estrutura dos genes, aquele que deve ser ativado e expresso. Uma vez reconhecido esse gene alvo, o FT transporta, até ele, as enzimas que constroem a molécula do RNA m. Os FTs são específicos para esse trabalho celular, o que também os torna essenciais. Seu mau funcionamento está associado a doenças que atingem diferentes órgãos humanos, mas, pelas suas características, FTs são também considerados uma forma de abordagem terapêutica bastante promissora.

6.9 Referências

LAMBERT, S. A.; JOLMA, A.; CAMPITELLI L, F. *et al.* The Human Transcription Factors. *Cell*, v. 172, n. 4, p. 650-665, 2018. Disponível em: https://doi.org/10.1016/j.cell.2018.09.045. Acesso em: 21 out. 2023.

VILLARD, J. Transcription regulation and human diseases. *Swiss Med Wkly*, v. 134, n. 3940, p. 571-571. 2004. Disponível em: https://doi.org/10.4414/smw.2004.10191. Acesso em: 17 jan. 2024.

WIKIPEDIA. THE FREE ENCYCLOPEDIA. *Transcription factors*. Editado em: 2 out. 2023. Acesso em: 15 nov. 2023.

ZARET, K. S.; CARROL, J. S. Pioneer transcription factors: establishing competence for gene expression. Genes & Dev., v. 25, p. 2227-2241, 2011. Disponível em: doi: 10.1101/gad.176826.111. Full text free. Acesso em: 21 out. 2023.

Capítulo 7

COMO AS PROTEÍNAS REGULADORAS SE LIGAM AO DNA (O CONTATO QUE EFETIVA O FUNCIONAMENTO DO DNA)

7.1 Introdução

Que o funcionamento do DNA é dependente de proteínas é um fato indiscutível. Apesar de sua "prerrogativa" de portador do código da vida, o DNA, sozinho, é uma molécula inerte, impossibilitada de realizar suas tarefas. É preciso que enzimas e outras proteínas se liguem, fisicamente, a sequências nucleotídicas específicas que o compõem para que sejam desencadeados os processos fundamentais de duplicação e transcrição que o caracterizam. Ao longo destes textos, já tivemos conhecimento de várias dessas enzimas. Entre outras, estão as *helicases*, que desenovelam a hélice do DNA e separam seus filamentos para replicação ou transcrição, estão os *fatores de transcrição* que, em resposta a sinais celulares externos e internos reconhecem os genes que devem ser ativados, e estão também as *DNA polimerases* e *RNA polimerases*, que polimerizam os desoxirribonucleotídeos e os ribonucleotídeos, respectivamente, para compor as moléculas em fase de síntese, de DNA e RNA.

Esse conhecimento básico de que o DNA, para atuar, precisa ser acionado por proteínas, confronta-se com o fato de que a síntese das proteínas é dependente do DNA, levando à questão de como o sistema se desencadeia, inicialmente, em um novo organismo. A resposta está em que o óvulo, com o qual se junta o núcleo do espermatozoide para formar a célula-ovo ou zigoto (e cujo desenvolvimento produzirá o novo descendente) já traz os elementos necessários para que o processo tenha início.

Neste capítulo, focalizaremos como se processa, basicamente, a interação entre proteínas e DNA para ativá-lo. Antes, porém, vamos nos reportar a algumas características estruturais das proteínas.

7.2 Aspectos básicos da estrutura proteica

As proteínas são substâncias formadas por cadeias de aminoácidos, sendo que as proteínas típicas têm cerca de 300 ou mais aminoácidos na sua composição. Como vimos, são conhecidos 20 tipos diferentes de aminoácidos que entram na formação das proteínas. A sequência de aminoácidos é específica para cada tipo de proteína e é determinada pela tradução do código existente no RNA mensageiro que, por sua vez, recebeu-o do DNA por transcrição. Na cadeia proteica, os aminoácidos são unidos, em sequência, por ligações peptídicas, daí o filamento proteico ser também chamado de *cadeia polipeptídica* (Figura 7.1).

Figura 7.1. Ligação peptídica. Uma ligação peptídica é a união do grupo amino (-NH_2) de um aminoácido com o grupo carboxila (-COOH) de outro aminoácido.

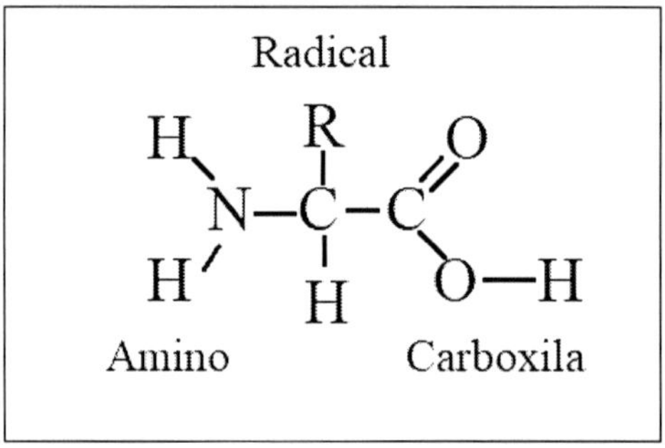

Radical

Amino

Carboxila

A título de curiosidade, uma das grandes proteínas detectadas nos mamíferos é denominada *titina*. Ela entra na composição do *sarcômero*, que é a unidade contrátil da fibra muscular, e é formada por mais de 33.000 aminoácidos. No ser humano, ela é produto de um gene constituído de 363 éxons, localizado no braço longo do cromossomo 2.

As proteínas são essenciais à vida da célula e, consequentemente, essenciais à vida de todos os seres vivos, do desenvolvimento até o final da vida. Basicamente, elas atuam na construção e reconstrução das estruturas celulares, ou como enzimas, catalisando as múltiplas reações químicas que nela ocorrem. Isso nos dá uma ideia da imensa variabilidade das proteínas necessárias para a manutenção dos seres vivos. Para células de eucariotos, elas são calculadas aos milhares. Denomina-se *proteoma* a quantidade total de proteínas de cada célula.

Há diferentes dados estimativos sugerindo que o genoma humano produz, no total, de 80.000, 100.000 até 400.000 tipos de proteínas, conforme estudos diferentes. Considerando, ainda, que de cada tipo de proteína, existe, na célula, um número variável de cópias, um dos cálculos é o de que haja aproximadamente 42 milhões de moléculas proteicas, em cada célula.

As proteínas têm estrutura complexa. O filamento proteico (cadeia polipeptídica) produzido a partir do RNA m, constitui o primeiro de quatro níveis de organização estrutural que ele apresenta no total, e é denominado *estrutura primária*. Após a estrutura primária, tem-se a *estrutura secundária*, agora caracterizada pelo primeiro nível de enrolamento helicoidal do filamento básico. Esse filamento não é uma estrutura rígida, tendo partes específicas móveis que permitem que ele se associe a outros filamentos, assumindo as outras duas configurações estruturais que caracterizam as proteínas, que são as configurações terciária e quaternária. A *estrutura terciária* corresponde ao dobramento da estrutura secundária sobre si mesma, adquirindo uma forma específica, tridimensional. Na *estrutura quaternária*, o filamento associa-se a outro ou outros, com igual sequência de aminoácidos, ou com sequências diferentes (Figura 7.2 A).

A estrutura secundária apresenta dois tipos frequentes de disposição morfológica que são a hélice αlfa e a *folha beta pregueada*. A hélice α é uma estrutura em que o esqueleto do polipeptídio está enrolado helicoidalmente e os grupos laterais (grupos R dos resíduos dos aminoácidos) projetam-se para fora, em disposição também helicoidal. A folha beta pregueada é uma estrutura parecida com uma folha dobrada, apresentando um formato de "zigue-zague". A formação das duas estruturas, a hélice α e a folha β pregueada, envolve ligações por pontes de hidrogênio entre aminoácidos (Figura 7.2 B).

Figura 7.2 A, -B. A. Esquema das quatro organizações estruturais da proteína: (1) primária; (2) secundária; (3) terciária; e (4) quaternária. B. Esquema dos dois tipos mais frequentes de estruturas secundárias: hélice alfa e folha beta pregueada.

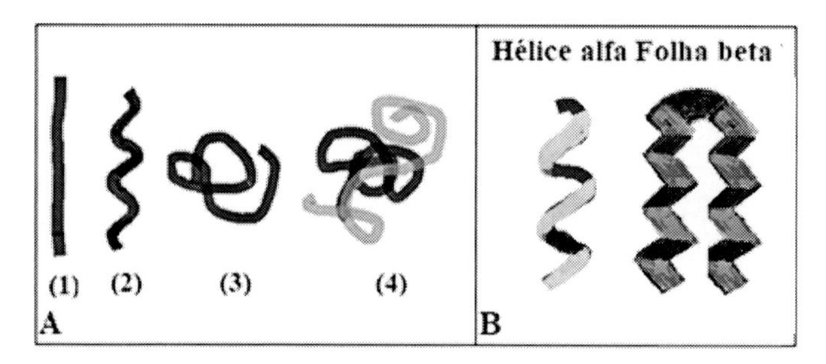

Outro aspecto importante, relacionado às proteínas, é o fato de apresentarem regiões diferenciadas, denominadas *domínios*. Um *domínio* é uma parte do filamento proteico que se organiza estruturalmente de forma independente em relação ao restante, produzindo maior número de dobras e, assim, apresentando maior densidade. Uma cadeia polipeptídica pode ter um ou mais domínios. Uma proteína formada por mais de uma cadeia polipeptídica, soma os domínios de cada cadeia, mas pode também manter um só domínio, compartilhado pelas cadeias que a constituem. O domínio de uma proteína pode ser apenas um componente estável de sua estrutura, isto é, ser apenas um domínio *estrutural*; ou pode ter uma função bioquímica determinada, isto é, ser um domínio *funcional*. E é muito interessante que os vários domínios de uma proteína possam participar de atividades diferentes. Isso também faz parte da *economia celular*, de que teremos mais exemplos ao longo dos textos.

7.3. Como as proteínas interagem com seus ligantes

A maleabilidade do filamento proteico permite-lhe não só assumir as quatro configurações estruturais que o caracterizam (primária, secundária etc.), como permite, ainda, realizar os processos dinâmicos envolvidos nas funções que ele desempenha nos organismos. Esses processos são, em geral, dependentes de interação física entre uma proteína e outra, ou entre uma proteína e outra substância específica, como o DNA, com a qual se liga para desempenhar as funções mencionadas.

A substância com a qual a proteína se liga, independentemente de suas características químicas, é denominada *ligante*. As funções que as proteínas desempenham por esse processo são múltiplas, dependendo de serem hormônios, anticorpos, enzimas ou outra espécie proteica. Aqui nos interessam as funções que as proteínas exercem na ativação e no funcionamento do DNA.

Essas ligações que envolvem proteínas e outras moléculas com o objetivo de realizar uma determinada função, mostram alta especificidade, isto é, cada molécula proteica se liga a um ou a apenas alguns tipos de moléculas entre os milhares que ocorrem nas células. Essas interações são feitas por meio de ligações fracas, não covalentes: ligações de hidrogênio, ligações iônicas e forças de Van der Waals. Devido a que cada ligação, considerada individualmente, é fraca, para que a junção dos dois elementos seja eficiente é preciso que ocorram várias ligações ao mesmo tempo. É preciso também que as superfícies da proteína e do *ligante* se encaixem morfologicamente, tipo "chave e fechadura", fator que contribui decisivamente para a especificidade da ligação. As proteínas reguladoras geralmente mostram de 10 a 20 pontos de contato com o DNA, o que é possibilitado pela complementariedade das superfícies.

7.4. Estrutura dos elementos de ligação entre a proteína e o DNA

A primeira demonstração da existência de proteínas reguladoras, isto é, das que têm a capacidade de associar-se fisicamente ao DNA e, dessa forma, ligar ou desligar genes específicos, resultou de trabalhos de pesquisa realizados em bactéria, na década de 1950. Um exemplo dessas proteínas reguladoras, já nosso conhecido e atuando na bactéria *Escherichia coli* (Capítulo 1) é o *repressor lac* que bloqueia um conjunto de genes específicos que são produtores de enzimas metabólicas, quando seu substrato, a lactose, está ausente do meio.

Presentemente, já se tem milhares de proteínas reguladoras de genes identificadas em grande variedade de organismos. Essas proteínas têm a capacidade de reconhecer trechos específicos do DNA que compõe os genes, e, em meio a milhares de genes que ocorrem nas células, ativar a transcrição daqueles cujos produtos são necessários à célula em um dado momento.

Assim, a ligação entre proteínas e DNA faz-se por meio de estruturas especializadas presentes em ambas as moléculas. No DNA, são sequências nucleotídicas curtas, com menos de 20 pb que são sítios de reconhecimento para a ligação daquelas proteínas. Esses locais onde se ligam as proteínas reguladoras para atuar sobre o DNA contêm sequências localizadas no interior da estrutura do DNA que as proteínas reguladoras devem reconhecer. Devido a essa localização, pensou-se inicialmente que, para haver o reconhecimento dessas sequências, seria necessária a abertura da dupla hélice, visando ao acesso direto às ligações hidrogeniônicas entre as bases, nos "degraus" da "escada". Sabe-se hoje, porém, que esse reconhecimento é realizado pelo lado de fora da dupla hélice, na superfície exposta nos sulcos do DNA. Nos sulcos maiores, os padrões são marcadamente mais diferenciáveis para cada um dos quatro arranjos da ligação das bases. Assim, as proteínas que regulam a ação do DNA se ligam a sequências de bases nitrogenadas específicas ("motivos"), que elas reconhecem no sulco maior do DNA, sem necessidade de abertura da hélice. Há, porém, algumas proteínas que se ligam ao DNA pelo sulco menor.

Os padrões de ligação de hidrogênio do DNA são as características mais importantes reconhecidas pelas proteínas reguladoras de genes. Contudo, *distorções* presentes nas sequências nucleotídicas também podem fazer parte do processo. Pequenas irregularidades que as mesmas apresentem, como um par de nucleotídeos inclinado ou um ângulo um pouco maior ou menor na torção helicoidal são "percebidos" pelas proteínas de ligação ao DNA. Interessante também é que a estrutura do DNA pode se deformar, até certo grau, para que haja o acoplamento correto requerido para ativação da transcrição.

Por sua vez, nas proteínas de regulação há estruturas especiais para reconhecer os "motivos" do DNA onde devem atuar. Trata-se de "motivos" estruturais formados pelos aminoácidos nelas contidos, sendo mais frequentes os denominados *dedos de zinco (zinc fingers), hélice-volta-hélice (helix-turn-helix), hélice-alça-hélice (helix-loop-helix)* e *ziper de leucina* ou *tesoura de leucina (leucine zipper* ou *leucine scissors)*. Utilizando uma dessas formações, as proteínas reguladoras do DNA ligam-se às sequências de bases nitrogenadas específicas que elas reconhecem no DNA.

Vejamos algumas características de cada uma dessas estruturas de ligação das proteínas.

7.4.1 Dedos de zinco (Zinc fingers - ZNF)

Proteínas portadoras da estrutura dedos de zinco estão entre as mais numerosas nos eucariotos. Desempenham funções muito diversas, além do reconhecimento e da ativação transcricional do DNA. O arranjo ZNF (dedo de zinco) é marcado pela forma sugerida pelo próprio nome: um dedo. Ocorre em ligações de proteínas com ácidos nucleicos (como os fatores de transcrição) ou em ligações entre proteínas. Caracteriza-se pela presença de um átomo de zinco ligado a resíduos de aminoácidos (cisteinas e histidinas ou, mais raramente, aspartato e glutamato). Essas ligações ao zinco mantêm a forma do "dedo". O dedo apresenta organização em *folha beta*, em uma das laterais, e organização em *hélice alfa*, na outra. Esse motivo caracteriza-se pelo uso do zinco como elemento estrutural e pelo uso da *hélice alfa* para reconhecer o sulco maior do DNA (Figura 7.3).

Figura 7.3. Esquema da estrutura de um dedo de zinco. A estrutura contém a *folha beta*, em forma de V, e a *hélice alfa*, espiralada. O íon zinco (representado pela esfera Z) liga-se aos aminoácidos (duas histidinas à direita e duas cisteínas à esquerda), sustentando a estrutura juntamente com os dois aminoácidos hidrofóbicos, na região superior do dedo (adaptado de Rhoades e Klug, 1993).

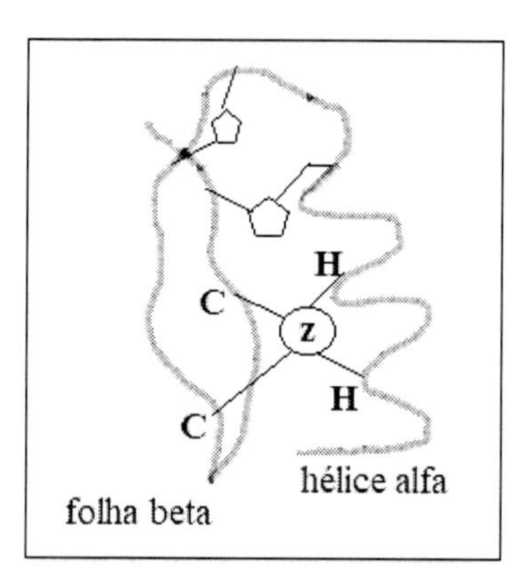

Os dedos de zinco funcionam de forma modular (isto é, em várias cópias sequenciais), mas diferem das outras estruturas proteicas de ligação quanto ao modo como o fazem. Os dedos de zinco constituem módulos que se ligam uns aos outros e ao DNA, linearmente (diz-se que se dispõem *em tandem*) e, assim, podem ligar-se, independentemente, a sequências do DNA de vários comprimentos (Figura 7.4). Vamos ver que proteínas com outras estruturas de ligação formam *díades* ou dímeros que se ligam a sequências simétricas do DNA.

Figura 7.4. Esquema da organização *em tandem* de quatro unidades proteicas com estrutura de dedos de zinco, para ligação ao DNA. O segmento de aminoácidos entre os dois módulos é denominado *ligador*. As regiões apontadas no último dedo referem-se a aminoácidos que, em cada unidade, ligam-se ao DNA. aas= aminoácidos (adaptado de Rhoades e Klug, 1993).

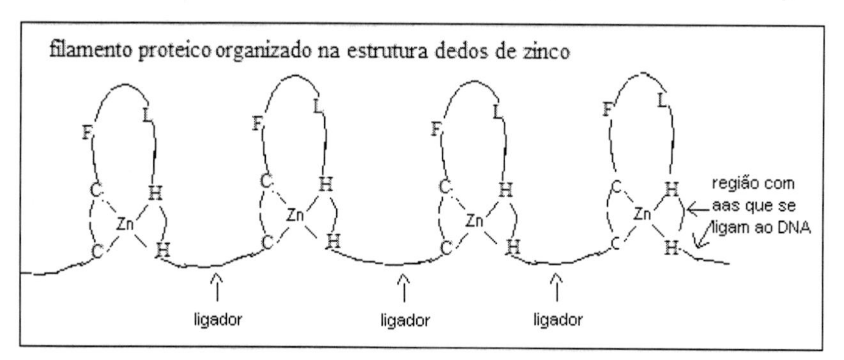

Considera-se, presentemente, a existência de 30 tipos diferentes de ZNFs, assim classificados com base em variações estruturais que se refletem na sua arquitetura 3D.

7.4.2 Hélice-volta-hélice (Helix-turn-helix; HTH)

Este motivo não deve ser confundido com o motivo hélice-alça-hélice (*helix-loop-helix* = HLH). Foi, inicialmente, reconhecido em bactérias e, posteriormente, em centenas de proteínas reguladoras de procariotos e eucariotos. Os fatores de transcrição Mars e Rob utilizam esse motivo. O motivo HTH é formado por duas hélices alfa, de tamanhos diferentes, ligadas entre si por um filamento curto de aminoácidos que é a "volta" (*turn*) do nome HTH (Figura 7.5 A). A proteína liga-se ao DNA no sulco maior pelas hélices alfa e ao sulco menor pela "volta".

Na maioria dos casos, a hélice C terminal contribui mais acentuadamente para o reconhecimento do DNA, razão pela qual recebe o nome de *hélice de reconhecimento*. A outra hélice, N-terminal, atua reforçando a ligação entre a proteína e o DNA.

Figura 7.5 A, B. Estrutura HTH (helix-turn- helix; hélice-volta-hélice) da proteína de ligação ao DNA. A. Esquema das duas alfa-hélices que compõem o motivo. B. esquema do homodímero ligado a regiões simétricas do DNA (adaptado de Alberts, Johnson, Lewis *et al.*, 2002).

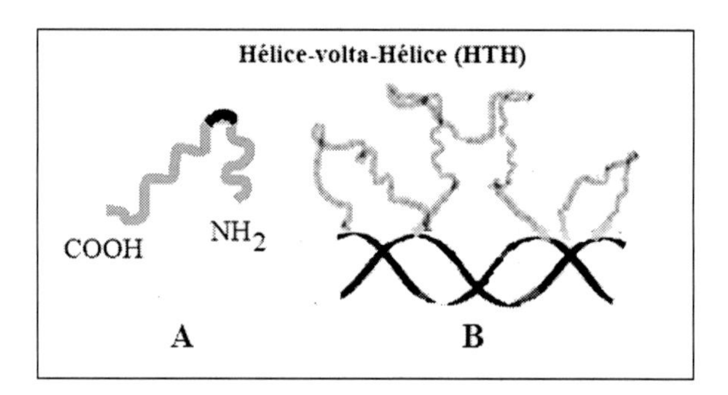

As proteínas portadoras desse motivo se ligam ao DNA sob a forma de dímeros simétricos, uma característica que é muito comum em proteínas de ligação ao DNA. Os dímeros são formados por duas cópias da estrutura de ligação (dois monômeros). Na estrutura HTH as duas hélices de reconhecimento associadas ao DNA distam entre si por uma volta da hélice do DNA (3,4 nm). Cada monômero reconhece a metade do sítio de ligação do DNA e sua presença, em duplicata, praticamente dobra a afinidade da ligação (Figura 7.5 B).

O motivo HTH foi encontrado em *Drosophila*, em uma classe de genes denominados *homeotic selector genes* que atuam na regulação do desenvolvimento. Mutação nesses genes pode transformar uma estrutura do corpo em outra (por exemplo, antena em perna), mostrando a importância desses genes nesse processo. Hoje se sabe que esses genes também exercem um papel fundamental nos animais superiores.

7.4.3. "Hélice-alça-hélice" (helix-loop-helix; HLH)

Essa estrutura de ligação, também importante, é encontrada em proteínas reguladoras de quase todos os eucariotos, desde as leveduras ao homem. A morfologia típica das proteínas HLH é dada pela presença de duas hélices alfa longas ligadas por uma alça curta, como é ocaso da proteína do camundongo MyoD. Nessa proteína, a alça tem apenas oito resíduos de comprimento. Essa estrutura de duas hélices se liga tanto ao DNA como ao motivo HLH de uma segunda proteína portadora dessa estrutura, formando a díade ou dímero. Os dois domínios (isto é, as duas hélices alfa), altamente conservados, juntos contêm 60 resíduos de aminoácidos.

A capacidade de formar homodímeros (dímeros iguais) e heterodímeros (dímeros diferentes) permite compor uma grande variedade de dímeros com funções específicas. Em ambos os casos as duas hélices fazem contato com o DNA pelo alongamento da interface de dimerização (Figura 7.6).

Figura 7.6 A, B. A. O motivo HLH é composto por duas hélices alfa de mesmo tamanho, unidas por uma alça. Elas formam díades (dímeros) para ligar-se ao DNA. B. Uma díade desse motivo ligada ao DNA no sulco maior, mostrando a forma de tesoura que os filamentos proteicos assumem na associação (adaptado de Alberts, Johnson, Lewis *et al.*, 2002).

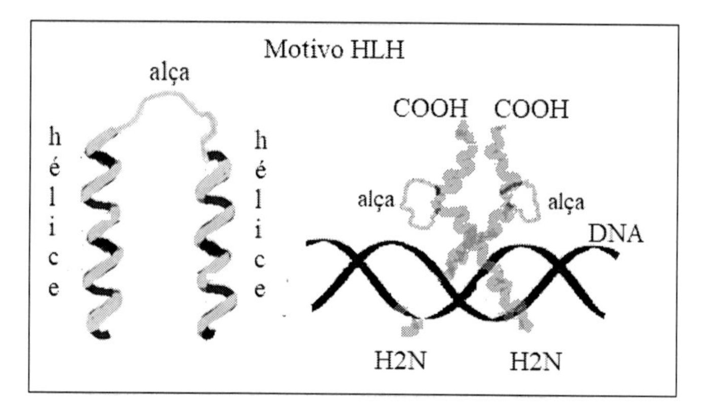

As proteínas HLH são separadas em diferentes classes com base em características como padrão de expressão, seletividade na dimerização e especificidade na ligação ao DNA. Centenas dessas enzimas já foram descritas sendo suas funções bastante diversificadas e em muitos tipos celulares.

7.4.4 Zíper de Leucina (Leucine Zipper; LZ)

O zíper de leucina é formado pela dimerização de dois monômeros de hélice alfa, que se ligam ao DNA. O nome zíper de leucina decorre da forma como as duas hélices alfa se contatam, através do domínio que cada uma contém e é denominado ZIP. O contato das hélices ocorre por meio de interações hidrofóbicas entre as cadeias laterais de aminoácidos presentes nesses domínios, que geralmente são leucinas. As leucinas mantêm um espaço de sete aminoácidos, entre uma e outra, de modo que quando a sequência é enrolada em forma de hélice alfa 3D, os resíduos de leucinas se alinham no mesmo lado da hélice. Disso resulta a dimerização das duas hélices alfa, por interação fraca e reversível, entre os domínios ZIP de cada hélice. Na estrutura, após a região de dimerização, a interface das duas hélices se separa e se estende formando uma estrutura em Y invertido, cujos braços contatam o sulco maior do DNA, de modo comparável a um prendedor de roupas no varal. Essa forma de associação lembra muito a apresentada pelo motivo HLH (Figura 7.7).

Figura 7.7 A, B. A. Duas unidades ou monômeros de hélices alfa contendo resíduos de leucina representados nesse esquema por grânulos pretos (L) dispostos de forma espaçada. B. A dimerização dos monômeros junta as leucinas como se fosse um zíper. Abaixo dessa região, os monômeros abrem-se como um Y invertido que envolve o sulco maior do DNA (adaptado de Alberts, Johnson, Lewis *et al.*, 2002).

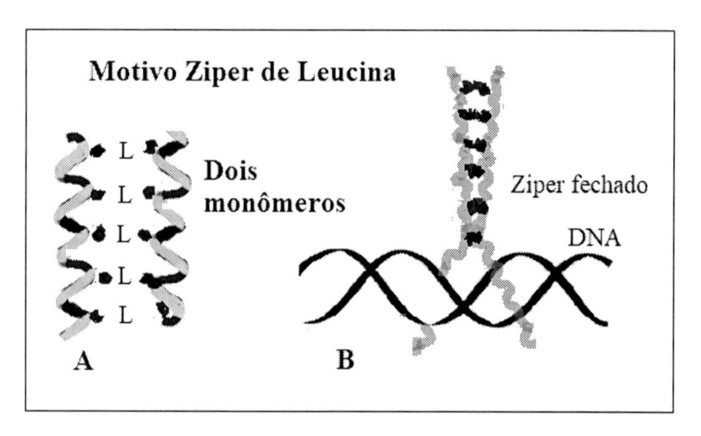

As proteínas que têm o motivo de ligação ZL, bem como as portadoras de outras estruturas reguladoras, que vimos neste capítulo, podem associar-se ao DNA como homodímeros ou como heterodímeros. Heterodímeros podem associar-se com DNAs de diferentes especificidades de ligação, o que aumenta a possibilidade de seu uso como regulador. Porém muitos genes reguladores "reconhecem" o DNA sob a forma de homodímeros, talvez porque esta seja uma forma de estabelecer uma ligação mais forte e específica.

7.4.5 Estruturas proteicas de ligação ao DNA e patogênese

Tendo em vista a importância das estruturas proteicas de ligação ao DNA na regulação da atividade gênica e, também, em outras atividades celulares, não é de estranhar que estejam envolvidas com patologias humanas. Os estudos, na área, revelaram que alterações dessas estruturas de ligação estão relacionadas com a tumorigênese, quanto à progressão do câncer e quanto à produção de metástases, mas mostraram também ligação com doenças neurodegenerativas, dermatológicas e diabetes.

Os ZNFs (dedos de zinco) têm sido bastante estudados quanto ao seu papel no desenvolvimento dos organismos, sob condições fisiológicas normais e patológicas. Essas proteínas podem agir como oncogenes ou como supressores de gene tumoral.

A natureza modular dos ZNFs permite que várias combinações de sequencias possam ser construídas, em laboratório, com alto grau de afinidade. Isso favorece seu uso em aplicações médicas, uma vez que permite a construção artificial de proteínas específicas para ligar-se ao DNA. Admite-se a possibilidade de que elas possam ser usadas como prognóstico para câncer, neurodegeneração ou outras doenças. Em 1994, já havia sido possível construir uma proteína com três dedos de zinco e com ela bloquear a expressão de um oncogene, em uma linhagem celular. Outros domínios também têm sido construídos e utilizados em terapêutica com significado importante.

7.5 Comentário

O DNA, embora seja a molécula fundamental para a sobrevivência dos organismos, é inerte sem a atuação das proteínas reguladoras. Essas o comandam por meio de interações físicas entre "motivos" que os dois (DNA e proteína) transportam em suas estruturas e que também são específicos.

A junção das duas substâncias para funcionar faz-se por arranjos moleculares diferentes, frequentemente formando dímeros. Interações anormais entre elas são a causa de patologias no ser humano. Tem sido investigada a possibilidade de manipular essas estruturas em laboratório, para aplicações médicas. Já há resultados positivos.

7.6 Referências

ALBERTS, B.; JOHNSON, A.; LEWIS, J. *et al.* Molecular Biology of the Cell - NCBI Bookshelf National Institutes of Health (.gov). 2002. https://www.ncbi.nlm.nih.gov› books›NBK21054.

BINOS, G. C. Transcription Factor Families: Structures, Examples, and Roles in Gene Regulation. *The Science Notes,* 30 mar. 2023. Disponível em: https://thesciencenotes.com/transcription-factor-families-structures-examples-roles--gene-regulation/. Acesso em: 23 out. 2023.

CORBELLA, M.; LIAO, Q.; MOREIRA, C. *et al.* The n-terminal helix-turn-helix motif of transcription. Factors MarA and Rob Drives DNA Recognition. *J. Phys. Chem. B*, v. 125, n. 25, p. 6791-6806, 2021. Disponível em: https://doi.org/10.1021/acs.jpcb.1c00771. Acesso em: 23 out. 2023.

LEON, O.; ROTH, M. Zinc fingers: DNA binding and protein-protein interactions. *Biol. Res.*, v. 33, n. 1, 2000. Disponível em: http://dx.doi.org/10.4067/S0716-97602000000100009. Acesso em: 23 out. 2023.

MURRE, C. Helix–loop–helix proteins and the advent of cellular diversity: 30 years of discovery. *Genes & Dev.*, v. 3, p. 6-25, 2019. Disponível em: https://genesdev.cshlp.org/content/33/1-2/6.full. Acesso em: 23 out. 2023.

RHODES, D.; KLUG, A. Zinc fingers. Sci *Am.*, v. 268, n. 2, p. 56-9, 62-5, 1993. doi: 10.1038/scientificamerican0293-56.

WIKIPEDIA. The Free Encyclopedia. *Leucine zíper*. Editado em: 4 jun. 2022. Disponível em: https://en.wikipedia.org/wiki/Leucine_zipper. Acesso em: 23 out. 2023.

WIKIPEDIA. The Free Encyclopedia. Zinc Finger. Editado em: 28 ago. 2023. Disponível em: https://en.wikipedia.org/wiki/Zinc_finger. Acesso em: 23 out. 2023.

Capítulo 8

O PROCESSAMENTO DO RNA m (CONVERTENDO O PRÉ-RNA m EM RNA m MADURO)

8.1 Introdução

O RNA m produzido diretamente do DNA, pela transcrição, não está pronto para funcionar. Ele requer algumas modificações que transformam sua condição de *transcrito primário* (também denominado *RNA precursor* ou *pré-RNA m*) em *RNA maduro*, quando, então, está em condições de ser enviado para o citoplasma e ser traduzido em proteína. O conjunto dessas modificações recebe o nome de *processamento* e, como veremos, reveste-se da mais alta importância biológica.

O processamento envolve três operações que alteram a estrutura do pré--RNA: (1) Adição de um *quepe* na extremidade 5'; (2) Adição de uma *cauda poli (A)*, na extremidade 3'; e (3) A *montagem* (ou *splicing, em inglês*) pela qual ocorre, na região codificadora do gene, a excisão dos íntrons e a junção dos éxons.

O processamento provê, ao RNA m, várias características benéficas, tais como: (1) gera proteção contra a degradação pelas enzimas *ribonucleases*; (2) torna sua tradução um processo mais eficiente; e (3) produz variabilidade em seus produtos. Analisaremos as operações e suas vantagens, no decorrer deste capítulo.

8.2 A adição do quepe na extremidade 5'

O *quepe* ou quépi (*cap*, em inglês) é adicionado ao pré-RNA, na extremidade 5', como parte do *processamento*. A presença dessa estrutura é característica dos produtos de transcrição originados pela ação da enzima *RNA Pol II* (RNA polimerase II). É a primeira modificação feita no processamento do RNA m e ocorre co-transcricionalmente, isto é, ocorre paralelamente à transcrição, depois que os primeiros 25 a 30 nt são incorporados no transcrito em produção. O quepe é constituído de um nucleotídeo guanina, modificado, representado quimicamente de diversas formas: RNA7-metilguanosina ou RNA m^7G ou $m^7G(5')ppp(5')$ ou 5'm7G. Essa adição se faz por meio da ligação 5'-5'trifosfato, no primeiro nucleotídeo transcrito (Figura 8.1).

Figura 8.1. Esquema da formação do quepe na extremidade 5' do pré-RNA. A 7-metil-guanosina estabelece uma ligação 5'-5' trifosfato com a primeira ribose do filamento do RNA m precursor, formando o quepe nessa extremidade.

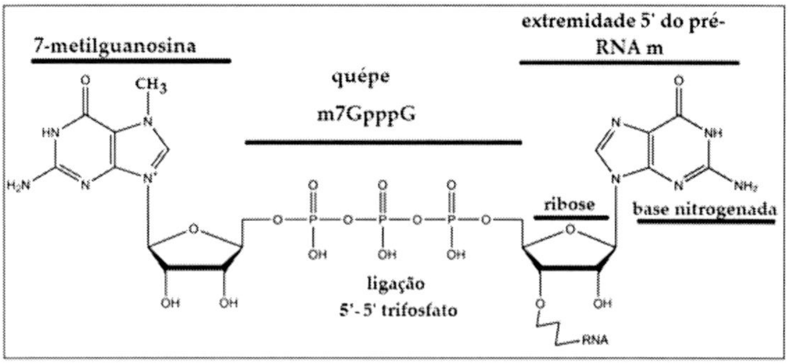

Como foi mencionado, o quepe confere estabilidade à molécula do pré-RNA por protegê-la contra a ação das ribonucleases. Estas enzimas têm afinidade pelas ligações 3'e 5' fosfodiester e na ausência dessa estrutura protetora, podem desdobrá-la. A presença do quepe está também associada a uma série de processos envolvendo o RNA m; embora seja uma estrutura da extremidade 5', influencia o processamento da extremidade 3', a ativação da *montagem* e o transporte do RNA m do núcleo para o citoplasma. A presença do quepe é também importante para o reconhecimento do RNA m pelo ribossomo, na tradução.

A reação que produz o quepe é catalisada por três enzimas: (1) a *trifosfatase,* que remove o fosfato terminal do transcrito (no final da transcrição, a extremidade 5' apresenta um grupo trifosfato livre por ser o primeiro nucleotídeo incorporado na cadeia); (2) a *guanosil transferase,* que transfere GMP (guanosina monofosfato) do GTP (guanosina trifosfato) ao difosfato final do RNA para formar o quepe GpppN; e (3) a *guanina-7-metiltransferase,* que acrescenta o grupo metil à posição N7 do quepe de guanina. A metilação de nucleotídeos adjacentes, localizados à jusante, pode produzir uma série de quepes (1, 2, 3 etc.), à medida que mais um nucleotídeo é alterado.

8.3 A adição da cauda poli (A) na extremidade 3'

Outra atividade que ocorre no *processamento* do pré-RNA m é a que causa a poliadenilação, isto é, a formação de uma cauda poli (A). Esta é constituída por uma sequência de adeninas e se localiza na extremidade 3' do pré-RNA m. Forma-se no final da transcrição, envolvendo, basicamente, os seguintes passos (Figura 8.2):

1. Reconhecimento de uma sequência nucleotídica (*motivo*), presente na região UTR 3' do pré-RNA m. Esse motivo é constituído pela sequência de bases adenina e uracila AAUAAA (com algumas variantes) e recebe o nome de *sinal ou sítio de adenilação*.
2. Clivagem à jusante do sinal de adenilação, em uma sequência denominada *sítio de clivagem (CA)*, formada pelas bases citosina e adenina e distante entre 10 e 30 nt do sítio de adenilação.
3. Adição da sequência de adeninas na nova extremidade 3'.

Frequentemente ocorre, à jusante do sítio de clivagem, outra sequência rica em guanina e uracila, a sequência GU (bases UGUA: Uracila, Guanina, Uracila, Adenina). A presença dessa sequência é importante para que o processamento seja eficiente. Às vezes existem sequências alternativas do GU (como UAGUA), presentes antes do sítio ou sinal de clivagem. Essas sequências podem também comandar o corte e a adenilação, na ausência do sinal AAUAAA. A adenilação ocorre por ação da enzima *poliadenilato polimerase (PAP)*, que se liga à região cortada e coloca, no local, resíduos de adenina.

Figura 8.2 A-C. Esquema da localização das sequências de bases envolvidas na poliadenilação do pré-RNA e seu produto final. A. RNA m precursor, antes do processo. B. A *endonuclease* reconhece o sinal de adenilação (AAUAAA) e corta o RNA no sítio de clivagem (CA). C. A enzima *poliadenilato polimerase (PAP)* liga-se à região cortada e começa a anexar resíduos de adenina. O processo tem continuidade até que a cauda tenha o comprimento específico do RNA m que está sendo processado (geralmente entre 100 e 250 adeninas).

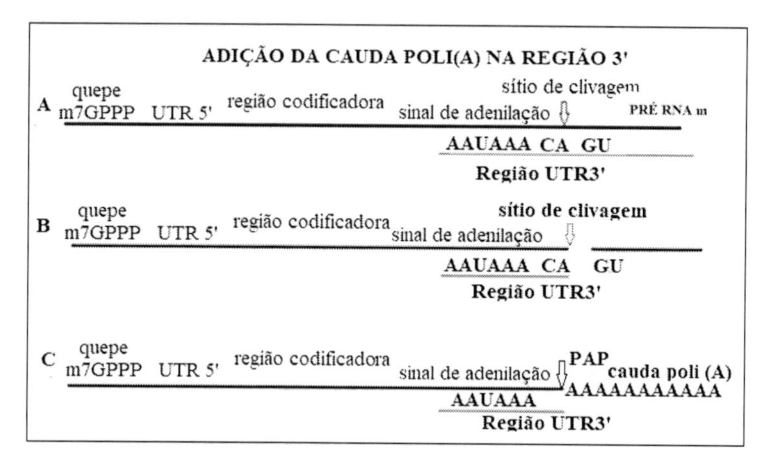

A literatura mostra que os procedimentos que levam à adenilação variam entre diferentes organismos. Vamos nos ater às informações mais gerais, quanto aos eucariotos, nos quais as diferenças são espécie-específicas. Como sempre, a estrutura formada pelos *motivos* localizados no material genético, neste caso no pré-RNA m, necessita ser reconhecida por proteínas especializadas para dar início ao processo. Na poliadenilação, após a transcrição da parte da molécula contendo o *sinal de adenilação*, moléculas proteicas, compostas por muitas subunidades, associam-se ao pré-RNA; são as proteínas que vão conduzir essa parte do processamento.

Essas proteínas reconhecem, especificamente, as sequências características da região onde devem associar-se. São as seguintes: CPSF (*cleavage and polyadenylation specificity factor= fator específico da clivagem e poliadenilação*), CFI (*cleavage factor I= fator de clivagem 1*) e CStF (*cleavage stimulation factor= fator de estimulação da clivagem*). A poliadenilação é catalisada pelo complexo multiproteico CPSF que se liga diretamente ao sinal AAUAAA. A CFI liga-se à UGUA. A formação do complexo CPSF inclui a associação de dois outros tipos de proteínas: os *fatores de clivagem* e a enzima *poliadenilato polimerase* (PAP), já mencionada, que faz a adenilação. Esse complexo corta o filamento de RNA entre o sinal de adenilação e a sequência rica em GU, no sítio de clivagem CA. A PAP agora constrói a cauda poli (A), acrescentando, ao pré-RNA, unidades adenosina monofosfato (AMP) extraídas de adenosina trifosfato (ATP).

À medida que a cauda vai sendo formada, muitas cópias da proteína de ligação PAP são adicionadas a ela. Outra proteína, denominada PAB2, liga-se a essa cauda poli (A) quando ainda está curta e aumenta a afinidade da PAP pelo RNA. Quando a cauda tem, geralmente, entre 100 e 250 nucleotídeos de comprimento, a enzima PAP já não pode permanecer ligada ao complexo CPSF, cessando a poliadenilação. A liberação da enzima, então, estabelece o comprimento da cauda. Como a CPSF está em contato com a RNA polimerase II, ela "informa" a esta que deve encerrar a transcrição. Quando a polimerase, que está transcrevendo o pré-RNA, atinge a sequência de terminação AAUAAA, a transcrição cessa.

Já mencionamos que a cauda poli (A) protege o pré-RNA m da degradação enzimática e que ela é também uma estrutura envolvida no início da tradução nos eucariotos. Nessa fase, *a cauda liga-se ao quepe*, que está localizado na extremidade 5' produzindo uma estrutura circular no RNA m. O complexo criado pela ligação das extremidades é reconhecido pelos fatores de iniciação da tradução e as subunidades dos ribossomos, do que decorre o *alongamento* da tradução.

Diferentes trabalhos atribuem números diferentes de bases ao comprimento da cauda de poli (A) dos eucariotos. Valores entre 50, 80 ou 100 a 200 ou a 250, estão presentes na literatura. Esse comprimento é controlado por mecanismos que atuam de modo espécie-específico, isto é, cada espécie tem características próprias. Trata-se de um controle necessário, porque o número de bases da cauda interfere na exportação do RNA m para o citoplasma. Alterações do número requerido podem levar à retenção do RNA m no núcleo e causar sua degradação.

A remoção da cauda poli (A) é realizada por *exonucleases* (desadenilases), entre as quais estão CCR4–NOT e PAN2–PAN3. Após a remoção da cauda poli (A), o complexo de desquepe (*descaping*) remove o quepe na extremidade 5', levando o RNA m à degradação pela abertura ao ataque de enzimas. A poliadenilação está, portanto, funcionalmente ligada a vários processos celulares. Além da proteção do RNA m contra a ação digestiva das ribonucleases existentes no citoplasma, liga-se ao reconhecimento do RNA m para a tradução e ao transporte do RNA m para o citoplasma.

A cauda poli (A) é encontrada na maioria dos transcritos dos eucariontes. As histonas canônicas (que entram na formação dos nucleossomos do DNA) constituem exceção. Elas não possuem a *cauda poli-A*; mas apresentam, na região 3', uma estrutura com formato de alça, conservada, e um elemento (HDE) localizado à jusante, rico em purinas. O esquema na figura 8.3 mostra a organização estrutural do RNA m após adição do quepe e da cauda.

Figura 8.3. O esquema mostra como fica a organização estrutural do RNA m de eucariotos, após adição do quepe e da cauda poli (A).

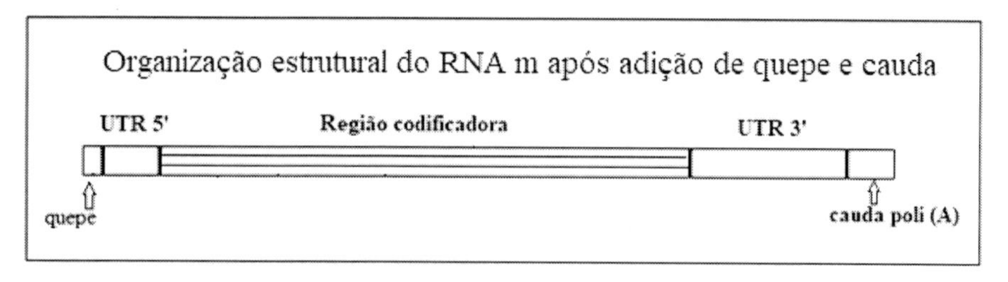

8.4 Poliadenilação alternativa e seus efeitos

Hoje se sabe que muitos genes dos eucariotos apresentam a capacidade de produzir, individualmente, mais de uma proteína. Trata-se de um processo importante para a geração de versatilidade na produção de transcritos e, consequentemente, de produtos proteicos. Entre os mecanismos tratados neste capítulo, isso pode acontecer como decorrência da *poliadenilação alternativa* (*alternative polyadenilation* =APA), isto é, da presença de um sinal adicional de poliadenilação no RNA m precursor. Nesse caso, há outra sequência de bases no RNA precursor que pode realizar a mesma função. A "escolha" de uma ou outra dessas sequências, no processo, pode gerar formas maduras do RNA m com sequências de bases diferentes. Se, no processo de *splicing*, um ou mais éxons ficarem de fora do filamento a ser traduzido, podem ser produzidas *isoformas proteicas*, isto é, proteínas com sequência muito parecida que podem eventualmente apresentar função diferente da esperada.

A poliadenilação alternativa é, assim, parte da explicação de como um organismo pode produzir um número de tipos de proteínas muito superior ao esperado pelo número de genes que apresenta.

Dados indicam que mais de 70% dos genes humanos têm sítios alternativos de poliadenilação. Qual dos sítios será ativado, em cada um, depende do tecido no qual o gene é expresso, da fase do ciclo celular ou de estímulos extracelulares que influenciam a regulação da expressão gênica.

A APA pode gerar RNAs m com outras características, além da mencionada mudança na sequência de bases da região codificadora. Podem resultar diferenças na região UTR 3'. Alteração por encurtamento da região codificadora é menos frequente do que o encurtamento da UTR 3'. A APA, ao alterar o comprimento da UTR3', pode afetar a estabilidade, a localização e a tradução do RNA m. É que os RNAs m com cauda mais curta são degradados mais rapidamente e, assim, são menos traduzidos. O encurtamento pode causar mais um efeito; existem micro RNAs que são complementares à região UTR 3' do RNA m e atuam na aceleração de sua degradação. A variação do comprimento da região UTR 3' pode mudar os sítios de ligação para esses micro RNAs, com implicações no grau de expressão dos RNAs m.

8.5 Montagem (*splicing*)

Experimentos envolvendo o pareamento entre o DNA, coletado no núcleo, e o RNA m, coletado no citoplasma, mostraram que no DNA existem segmentos que não estão presentes no RNA m. A técnica aplicada na hibridação DNA/RNA que demonstrou a existência desse fato é denominada *R-looping* e utiliza o microscópio eletrônico para análise. Como foi mencionado em capítulo anterior, as partes do gene não representadas no seu RNA m, quando ambos, DNA e RNA m, são pareados, foram denominadas íntrons e as representadas foram denominadas éxons. Ficou, assim, evidenciado que, após a transcrição, o pré-RNA m deve "perder" partes de sua estrutura, para se tornar funcional. Esse processo recebeu o nome de *splicing* e, em português, ficou conhecido como *montagem*, constituindo uma das fases do processamento do RNA m precursor. Portanto, podemos dizer que a montagem é o processo pelo qual ocorre a eliminação dos íntrons e a junção dos éxons do pré-RNA (Figuras 8.4 e 8.5).

Figura 8.4. Esquema da imagem obtida pela Técnica R-looping, de hibridação entre o DNA nuclear e o RNA m citoplasmático correpondente ao mesmo gene, e vista ao microscópio eletrônico. Na figura, as duas moléculas estão pareadas; as alças no DNA constituem as regiões do gene que não fazem parte da molécula do RNA m (são os íntrons). Na verdade, essas regiões também são transcritas e assim fazem parte do pré-RNA m. Mas, depois, elas são eliminadas pelo splicing ou montagem, fazendo com que a parte codificadora do RNA m passe a ser formada apenas pelos éxons reunidos.

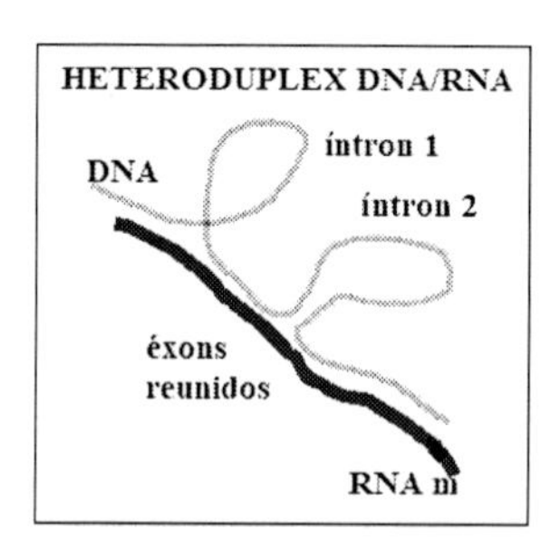

A presença de íntrons não é restrita ao RNA m; ela também está presente no RNA r e no RNA t. A presença de íntrons é uma das características que definem os eucariotos.

Figura 8.5 A-C. (A) Esquema mostrando a região codificadora de um gene formado por quatro éxons e três íntrons. (B) A transcrição do gene produz uma cópia do molde do DNA, com todos os elementos da região codificadora, constituindo o pré-RNA m. (C) O processamento elimina os íntrons e reúne os éxons.

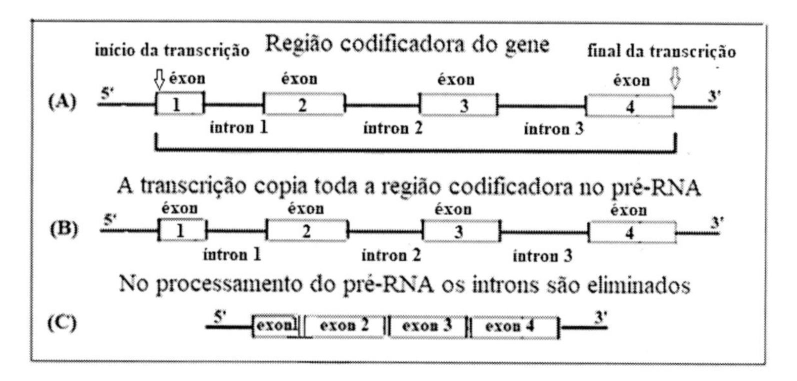

O processo de montagem mostra-se mais complexo pelo fato de que, em diferentes situações, um mesmo segmento gênico pode funcionar como éxon ou íntron, isto é, pode ser incluído ou excluído do RNA m maduro. A montagem ou *splicing* ocorre no núcleo, junto com a transcrição. Suas reações são catalisadas por uma "máquina" que é um complexo de RNA e proteínas denominado *spliceossomo*. Os eucariontes apresentam dois tipos de spliceossomos: *major* e *minor*. Ambos são constituídos pelos complexos de snRNPs + proteínas. Esses componentes diferem quanto aos tipos. Isto lhes permite reconhecer diferentes sequências de consenso (motivos). O *spliceossomo major* é o mais frequente e constitui um dos maiores complexos moleculares existentes nas células, sendo formado por cinco *snRNPs* (lê-se snârps) e mais de 150 proteínas.

Cada snRNP é um conjunto formado de um tipo de pequeno RNA nuclear (snRNA), com 100 a 200 nt de comprimento, e muitas proteínas. Os cinco snRNPs são denominados U1, U2, U4/U6 e U5. A união de U1, U2 e RNA com o complexo U4-U5-U6 forma o spliceossomo completo. Os *spliceossomos minor* são encontrados em muitos eucariotos e removem os íntrons denominados U12. O conteúdo proteico do spliceossomo minor e o do major são apenas parcialmente iguais.

A *montagem* é uma atividade celular intensa. Calcula-se que em qualquer momento da vida da célula estejam sendo submetidos a esse processo, no núcleo, cerca de 700.000 íntrons.

Como mostra a Figura 8.6, para que ocorra o splicing é preciso que o spliceossomo interaja com sequências específicas localizadas dentro do íntron que vai ser retirado do pré-RNA. Essas sequências são:

1. GU (guanina e uridina), localizada na sua extremidade 5' (denominada *sítio doador do splicing*);
2. AG (adenina e guanina), localizada na sua extremidade 3' (*sítio receptor do splicing*);
3. o *trato polipirimídico*, localizado à montante da sequência AG, rico em pirimidinas (citosina e uridina); e
4. o *sítio de ramificação*, localizado à montante do trato polipirimídico, e inclui um nucleotídeo adenina (A), conservado, em todos os genes.

Figura 8.6. Esquema do íntron demarcado no filamento de pré-RNA m, mostrando as regiões ou sítios que tomam parte no processo de montagem e as sequências de bases que as caracterizam, em negrito e grifado, incluindo o *sítio doador* do splicing (GU), o *sítio de ramificação* (A), o *trato polipirimídico* (rico em pirimidinas C e U (*Py*), e o *sítio receptor* do splicing (AG) (adaptado de Wikipédia, Splicing, 2023).

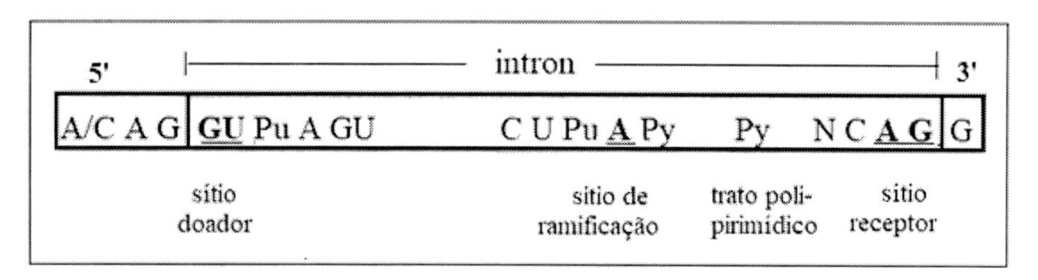

O mecanismo da *montagem* passa por várias etapas nas quais os snRNPs (componentes do spliceossomo) interagem com as sequências específicas do íntron, já mencionadas. Essas etapas são as seguintes (Figura 8.7):

1. O snRNP U1 reconhece, no íntron, o sítio doador de splicing (GU) e se liga a ele por bases complementares.
2. O snRNP U2 reconhece e se liga ao sítio A de ramificação (é necessária energia do ATP).
3. Os snRNPs U1 e U2 juntam-se, consequentemente aproximando a extremidade 5' do íntron e o sítio de ramificação.
4. As demais subunidades snRNPs, U4/U6 e U5, juntam-se a U1 e U2 completando o spliceossomo.

O conjunto, juntamente com o pré-RNA, adquire a conformação tridimensional necessária para que o splicing ocorra. Há evidência de que U2 e U6 são as unidades catalíticas.

O splicing envolve duas reações de transesterificação (reação química entre um álcool e um éster). Na primeira, ocorre um *ataque nucleofílico* de um grupo 2'-OH (de um resíduo adenosina do ponto de ramificação) ao átomo de fósforo no sítio de splicing 5' gerando dois intermediários: exon 1 com um término 3'-OH e um intron-exon 2 em uma configuração de laço.

Na segunda transesterificação, o grupo 3'-OH do exon 1 age como um nucleófilo e ataca o átomo de fósforo no sítio 3' de splicing, resultando no deslocamento da extremidade 3' do intron e junção dos exons 5' e 3'.

Figura 8.7. Esquema do mecanismo da montagem. (1) No pré RNA ocorre a 1ª transesterificação: U1snRNP e U2snRNP se ligam, respectivamente, ao sítio doador (GU) e ao sítio de ramificação (A) do intron. (2) Os snrRNPs U1 e U2 aproximam-se, resultando na separação do éxon 1 e formação de uma figura em forma de laço juntando íntron e éxon 2. Em (3), na 2ª transesterificação ocorre junção das demais subunidades U4/U6, U5 a U1 e U2 completando o spliceossomo. Éxon 1 atua sobre a região AG do íntron, resultando no deslocamento deste na forma de laço e na reunião dos dois éxons do RNA m (adaptado de Wikipédia, Splicing, 2023).

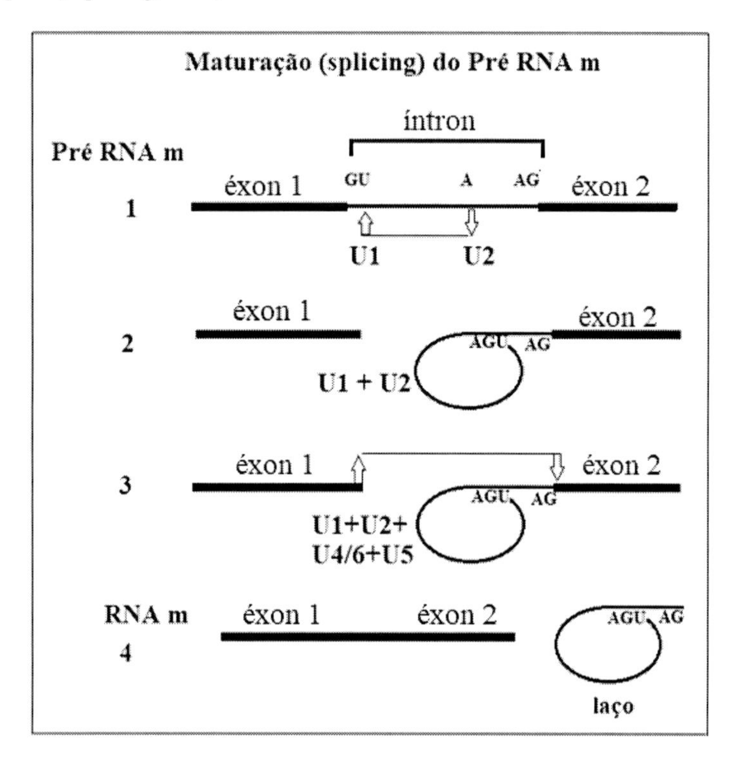

A eliminação dos introns no RNA m requer gasto de energia, proveniente do ATP. Mas existem alguns raros íntrons, que são denominados *ribozimas* (enzimas de RNA) que, por si só, fazem o papel dos spliceossomos.

8.5.1 Splicing alternativo

No *splicing*, os íntrons são eliminados do pré-RNA m e os éxons permanecem no RNA m maduro. Mas o processo mostra-se mais complexo pelo fato de que, em diferentes situações, um mesmo segmento gênico pode funcionar como éxon ou íntron, isto é, pode ser incluído ou excluído do

RNA m maduro. Nessa situação, denominada *alternative splicing* (AS) ou *splicing alternativo* (SA), íntrons podem ser mantidos na molécula do RNA m maduro, funcionando assim como éxons, enquanto em outras situações, éxons são removidos como se fossem íntrons. Isso acontece quando, em alguns tecidos, épocas ou condições, o *spliceossomo* não reconhece os sítios normais de splicing. Nesse caso, a partir desse gene pode ser produzida uma variedade de isoformas de RNAs m, contendo diferentes conjuntos de éxons. Consequentemente, podem ser produzidas proteínas com funções diferentes e mesmo opostas.

O AS é uma das várias formas de aumento do número de tipos de proteínas, sem aumentar o número de genes. Como já vimos anteriormente, ele participa da norma de "economia" celular, selecionada no processo evolutivo: fazer mais com menos. Causa, na célula, um grande aumento na diversidade proteômica (relembrando, proteoma é o conjunto de proteínas diferentes que ocorrem em uma célula).

Dados de sequenciamento genético sugeriram que mais de 90% dos pré-RNAs do ser humano apresentam AS, que funciona de modo tecido-específico ou de acordo com a fase do desenvolvimento. O AS exerce papel importante na regulação da expressão gênica, em muitos processos do desenvolvimento, como a determinação do sexo e a morte celular programada.

8.5.2 Cis-splicing e Trans-splicing

O splicing, que manipula íntrons e éxons da *mesma molécula de pré-RNA m é* denominado *cis-splicing,* contrapondo-se à situação em que, no processo, são reunidos *pedaços de duas moléculas de pré-RNA m,* denominado *trans-splicing.* Nesse caso, éxons de dois pré-RNAs se juntam formando uma molécula quimérica que pode exercer uma função diferente das moléculas originais. É mais uma forma de aumentar a complexidade do proteoma, codificando novas proteínas que podem também participar de novos mecanismos reguladores. *Trans-splicing* tem sido detectado, em processos normais e patológicos (Figura 8.8).

Figura 8.8. Esquema comparativo dos processos de *cis-splicing* e *trans-splicing*. Nesse caso, o cis-splicing produz um RNA m contendo os quatro éxons que compõem o pré-RNA1 (produto A). O trans-splicing faz com que o RNA m perca o éxon 4 do pré RNA 1 e ganhe o éxon X do pré-RNA 2 (produto B,) formando nova combinação de nucleotídeos que pode, eventualmente, gerar uma nova proteína.

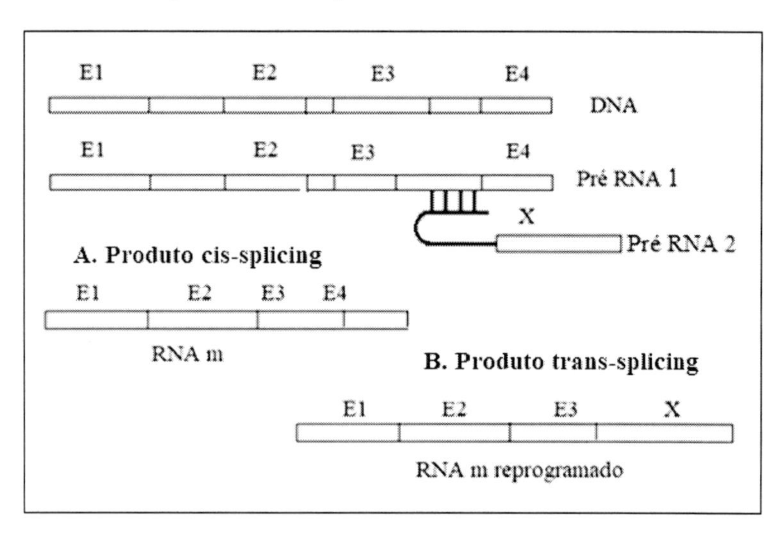

8.6 Splicing e doenças humanas

Segundo a literatura, estima-se que, de 15 a 60 por cento das doenças genéticas humanas envolvam alterações no processo de splicing alternativo (AS), causadas por mutação gênica. Denomina-se *mutação gênica* a uma mudança na sequência de bases do DNA que pode ocorrer por perda, ganho ou troca de uma ou mais bases. Parece que um terço de todas as mutações causadoras de doenças impacta o splicing com diferentes consequências, como sobrar ou faltar pedaços no RNA m final. Evidências indicam, de forma crescente, que o trans-splicing ocorre, frequentemente, em processos patológicos. Esses dados tornam, altamente importante, o conhecimento aprofundado do splicing e seus controles. Por outro lado, o splicing alternativo é considerado, na medicina, como um processo que permite a manipulação laboratorial para identificação de alvos terapêuticos de grande especificidade.

À pergunta "Por que o processo evolutivo mantém mecanismos, como este, que pode causar problemas?", pode-se responder que, provavelmente, é porque as vantagens que eles promovem superam os riscos. Um exemplo extremo de doenças relacionadas ao splicing é o do gene *Dscam* (*Down syndrome cell adhesion molecule*) que, potencialmente, gera mais de 38.000 isoformas proteicas! DSCAM é uma proteína transmembrana que se expressa no sistema nervoso em desenvolvimento. Quando o gene é superexpresso no sistema nervoso central do feto, causa a Síndrome de Down. Ainda não se tem informações sobre quantas das formas de RNA m que o gene *Dscam* produz são funcionais. Suas variantes também podem afetar o desenvolvimento do sistema imune.

Entre as doenças envolvidas com problemas de splicing está, também, a *Síndrome de Riley Day*, decorrente de uma mutação em um único nucleotídeo do gene IKBIKAP. Essa mutação faz com que o gene sofra splicing alternativo em tecidos do sistema nervoso, causando desenvolvimento anormal dos mesmos.

8.7 Comentário

A transcrição a partir da "leitura" e transferência do código do DNA para o RNA não produz um RNA m pronto para funcionar. Para isso, este RNA ainda demanda algumas modificações que lhe aprimoram as características para o fim a que se destinam. Após essas modificações, denominadas, no conjunto, *processamento*, ele passa de pré-RNA m para RNA m maduro. Anormalidades em qualquer dos processos que compõem a maturação também geram doenças genéticas. O lado positivo é que, entre os mecanismos de maturação, o denominado *splicing alternativo* é considerado adequado à manipulação laboratorial, visando à detecção de alvos terapêuticos específicos.

8.8 Referências

CHAMBOM, P. "Split Genes". *Scientific American Magazine*, v. 244, n. 5, p. 60, 1981. doi:10.1038/scientificamerican0581-60.

KHAN ACADEMY. Eukaryotic pre-mRNA processing. 2023. Processamento de pré-mRNA eucariota. Disponível em: https://pt.khanacademy.org/science/ap-biology/gene-expression-and-regulation/transcription-and-rna-processing/a/eukaryotic-pre-mrna-processing. Acesso em: 22 fev. 2023.

KHAN ACADEMY. Visão geral da tradução. 2023. BNCC.EMCiencias: EM13CNT205. Disponível em: https://pt. org/science/ap-biology/gene-expression-and-regulation/translation/a/translation-overview. Acesso em: 1 out. 2023.

LEE, Y.; RIO, D. C. Mechanisms and regulation of alternative pre-RNA splicing. *Annual Review of Biochemistry*, v. 84, p. 291-323, jun. 2015. Disponível em: https://doi.org/10.1146/annurev-biochem-060614-034316. Acesso em: 13 abr. 2023.

PROUDFOOT, N. J. Ending the message: poly(A) signals then and now. *Genes & Dev.*, v. 25, n. 17, p. 1770-1782, 2011. Disponível em: Doi: 10.1101/gad.17268411. Acesso em: 13 abr. 2023.

RAMANATHAN, A.; ROBB, G. B.; CHAN, S.-H. mRNA capping: biological functions and applications. Nucleic Acids Research, v. 44, n. 16, p. 7511-7526, set. 2016. Disponível em: https://doi.org/10.1093/nar/gkw551. Acesso em: 17 set. 2023.

SCHMIDT, V.; KIRSCHNER, K. M. Alternative pre-mRNA splicing. *Acta Physiologica*, v. 222, n. 4, p. e13053, 2018. Disponível em: https://doi.org/10.1111/apha.13053. Acesso em: 30 ago. 2023.

WIKIPEDIA. The Free Encyclopedia. RNA Splicing. Editado em 26 nov. 2023. Disponível em: https://en.wikipedia.org/wiki/RNA_splicing. Acesso em: 24 jan. 2024.

Capítulo 9

O PROCESSO DE EDIÇÃO DO RNA
(AINDA ALTERANDO A ESTRUTURA DO RNA m)

9.1 Introdução

A *edição* (*editing*, em inglês) é também um fenômeno que causa modificações na constituição de bases do RNA que é copiada do DNA na transcrição. Esse fenômeno pode atuar sobre um ou muitos nucleotídeos, propiciando outra forma de *recodificação* do RNA (*RNA recoding*) que se soma ao processamento. A edição, ao causar novas alterações do código original do DNA, pode também gerar novas proteínas. Ela ocorre nos RNAs mensageiro, ribossômico, transportador e nos micro RNAS, e tem sido detectada nos eucariotos, procariotos e também em vírus.

A *montagem* ou *splicing*, que vimos no capítulo anterior, e a *edição*, de que vamos tratar neste, são consideradas as principais formas de modificação do código original do DNA, nos seres humanos. Mas enquanto o *splicing* (eliminação dos íntrons e junção dos éxons) ocorre, praticamente, apenas no núcleo (no citoplasma foi encontrado só nas plaquetas), a ocorrência da *edição* é mais extensa, abrangendo núcleo, citoplasma, mitocôndrias e cloroplastos. Por essa ampla ocorrência nos organismos e nas estruturas celulares, a *edição* é considerada um dos processos evolutivamente mais conservados a que o RNA m é submetido.

A *edição* é realizada por diversos processos que ainda requerem muito estudo, como ocorre com a maioria dos processos de regulação gênica. Diferentes publicações ainda divergem, não só quanto aos mecanismos, mas também quanto à frequência com que ocorre, sua importância para a vida do organismo e o significado evolutivo de sua presença. Sob um aspecto todos parecem concordar: é a perspectiva de sua aplicabilidade em áreas como agricultura e cura de doenças humanas, que já está demonstrada, mas tende a crescer muito mais, com o avanço do conhecimento.

9.2 Tipos de edição e seus mecanismos

As modificações causadas pela edição abrangem duas categorias: (A) inserção ou deleção de nucleotídeos e (B) alteração química de nucleotídeos, também denominada *edição por substituição*.

9.2.1 Edição por inserção ou deleção

A edição por inserção ou deleção refere-se, especificamente, à inclusão ou à eliminação de *uridinas* no pré-RNA. Foi descoberta em meados da década de 80, no protozoário parasita unicelular *Trypanosoma brucei*, causador da *doença do sono*. Muito do que se sabe sobre esse tipo de edição foi e continua sendo obtido em estudos nas mitocôndrias desse parasita.

Esse tipo de edição pode afetar amplamente a molécula de RNA. No *T. brucei* foram encontrados RNAs m com 60% de sua sequência resultante de edição, compreendendo 550 uridinas adicionadas e 41 removidas. Nesses casos de edição extensa, diz-se que a molécula de RNA é o produto de uma *edição panorâmica* (*pan-editing*). O processo de edição por inserção e deleção pode alterar as regiões codificadoras do RNA m e criar novos códons de início e parada da tradução, com a possível consequência de gerar novas proteínas prejudiciais ao organismo.

O mecanismo desse tipo de edição utiliza pequenos RNAs denominados RNAs-guia (*guide RNA, gRNA*), de aproximadamente 70 nt de comprimento e portadores de uma cauda *poli-U* contendo de 5 a 25 uridinas. O nome RNAs-guia é devido a que eles "guiam" ou "coordenam" a inserção e a deleção de uridinas no processo da edição do RNA. A composição de bases do gRNA é complementar à região em torno do sítio que vai ser editado, no RNA-alvo. Informações básicas sobre esse processo de edição estão descritas a seguir.

No desenrolar da inserção e da deleção, primeiramente ocorre pareamento do RNA g com o pré-RNA, no entorno dos pontos deste que sofrerão um desses processos. Forma-se, assim, no RNA-alvo, uma região de duplo filamento que é envolvida pelo *editossomo*, uma estrutura composta por um complexo multiproteico, contendo enzimas que vão catalisar a edição.

Na edição por inserção, o pareamento do RNA g com o pré-RNA revela a existência, no RNA g, de regiões com uma sequência de nucleotídeos, em número variável, os quais não têm correspondência no pré-RNA. Essas regiões são geralmente compostas de adeninas e guaninas e formam uma alça no local. Após esse pareamento, enzimas específicas do editossomo cortam o filamento do pré-RNA no primeiro ponto a ser editado, isto é, no primeiro nucleotídeo onde há ausência de pareamento com o RNA g. Esse corte é denominado *endonucleotídico* porque é feito no interior do RNA e não nas UTRs (Figura 9.1).

Figura 9.1. Este esquema refere-se à inserção. Nesta, o RNA-guia e o pré-RNA estão pareados em torno da região que será editada, formando um trecho de RNA de duplo filamento (lembremos que a molécula do RNA é unifilamentar). O complexo multiproteico *editossomo* (aqui representado por uma elipse), que catalisa o processo, envolve a região onde os três nucleotídeos do RNA g (AAA) não têm correspondência no pré-RNA e acrescenta, neste, uridinas. Nesse exemplo, três uridinas serão acrescentadas no pré-RNA, correspondendo às três adeninas do RNA g, caracterizando o processo de edição por inserção (adaptado de Wikipédia, Editing, 2023).

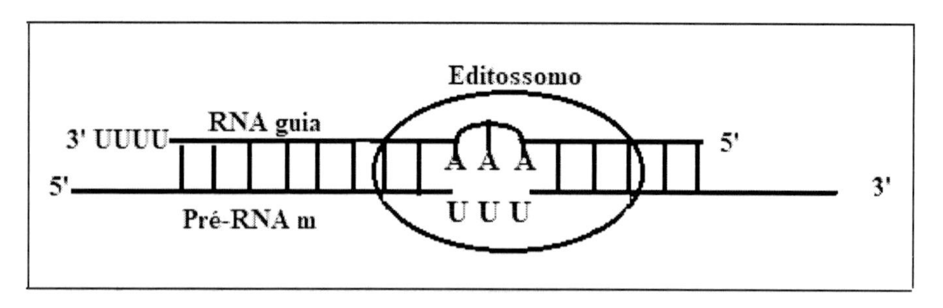

Na Figura 9.2, são apresentados esquemas comparativos da edição por *inserção* e por deleção. No caso de edição por inserção, o corte enzimático faz com que a alça do pré-RNA se distenda, e nessa região "de falha", passa a ocorrer introdução de uridinas. Esse passo do processo é catalisado pela enzima do editossomo denominada a *U-transferase terminal* que adiciona, nos pontos de edição, uridinas obtidas da UTP (uridina trifosfato). De acordo com um dos modelos referentes a esse mecanismo, o RNA g também fornece uridinas para esse fim, presentes em sua cauda 3'-oligo (U). A adição das uridinas ocorre a partir da extremidade 3' do pré-RNA m, porque o editossomo só pode atuar na direção 3' para 5'. Como consequência, a edição por inserção causa um alongamento do filamento do RNA m.

O processo de edição por deleção é basicamente o mesmo da edição por inserção. Nesse caso, porém, é o pré-RNA que contém bases que não encontram correspondência no RNA g. Essas bases são removidas do pré-RNA e, como consequência, esse filamento sofre um encurtamento.

Figura 9.2. Processos de edição do pré-RNA m por inserção e deleção de uridinas. Na inserção, como vimos na Figura 9.1, o pareamento entre o RNA g e o segmento do pré-RNA m mostra, neste, falhas de nucleotídeos complementares às três adeninas presentes no RNA g; nessas falhas são adicionadas uridinas, aumentando o comprimento do pré-RNA. Na deleção, o pareamento entre RNA g e o pré-RNA revela a presença, no pré-RNA, de uridinas que não têm complementariedade no RNA g e que são eliminadas no processo, encurtando o trecho do pré-RNA. Inserção e deleção são catalisadas por enzimas contidas no editossomo (adaptado de Wikipédia, Editing, 2023).

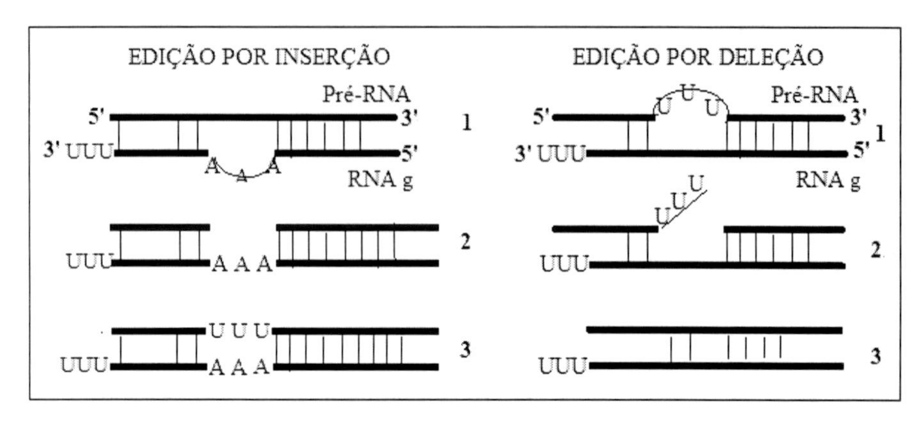

Após pré-RNA e RNA g se tornarem complementares, as partes abertas do filamento são fechadas por outras enzimas do complexo molecular, as *ligases*, a que já nos referimos anteriormente, em caso de emenda de nucleotídeos. Uma exorribonuclease específica remove os nucleotídeos que não forem editados. Supõe-se que a edição envolva, também, dois complexos proteicos contendo RNA-polimerase III: MP61 (que realiza a inserção de U) e MP90 (que realiza a deleção de U).

As uridinas inseridas ou excluídas do pré-RNA m podem causar um deslocamento dos nucleotídeos, podendo alterar os códons e, consequentemente, na tradução, alterar a sequência de aminoácidos da proteína produzida, em relação à esperada pelo código do gene (Figura 9.3).

Figura 9.3. Esquema mostrando como a inserção de uridinas pode alterar a constituição dos códons do Pré-RNA m e, consequentemente, alterar a constituição de aminoácidos das proteínas resultantes de sua tradução. São fornecidos dois exemplos hipotéticos em que foram inseridas três e duas uridinas. Nos dois casos ocorrem modificações na sequência dos nucleotídeos na molécula de RNA m. A deleção pode apresentar o mesmo tipo de consequência: alteração de códons refletindo-se na constituição da proteína a ser produzida.

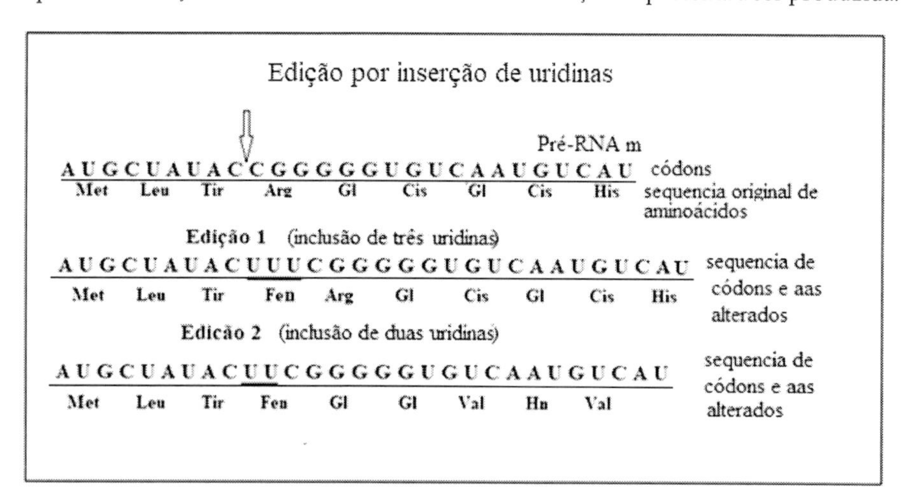

9.2.2 *Edição por alteração química dos nucleotídeos*

A edição por alteração química de nucleotídeos modifica o código do RNA m, porque promove uma modificação de nucleotídeos individuais, como se fossem mutações em ponto. O processo envolve *desaminação hidrolítica*, isto é, a perda de um grupo amino (-NH2) que certas bases podem sofrer como resultado das reações de hidrólise.

Esse processo de edição por alteração química das bases nitrogenadas está amplamente distribuído nos organismos, ocorrendo em vegetais, animais, procariotos e vírus, com variação dos padrões. Segundo a literatura, pelo menos 112 tipos de modificações nucleotídicas causadas por essa forma de edição já foram descritas, com possibilidade de afetar a função e a estabilidade da molécula de RNA.

Nos seres humanos foram descritas várias classes de edição do RNA. Entre elas, a modificação da adenosina para inosina (A→ I) é o processo predominante e é mediado pelas enzimas ADAR (*adenosine deaminase acting on RNA*). Destaca-se, em segundo lugar, a modificação da citosina para uridina (C→U), mediada pela enzima APOBEC1 (*apolipoprotein B mRNA editing enzyme catalytic polypeptide 1*). Aqui vamos nos referir apenas a esses dois tipos, que, aparentemente, são também os mais bem conhecidos (Figura 9.4).

Figura 9.4 A, B. Edição por modificação química nucleotídica: A. Adenina para Inosina (A→ I). B. Citidina para Uridina (C→U). No primeiro processo, as enzimas catalisadoras são as ADARs e, no segundo, é a APOBEC1. As enzimas ADAR catalisam a transformação (A→ I) por desaminação hidrolítica, utilizando uma molécula de água ativada para um ataque nucleofílico. A água é adicionada ao carbono 6, seguindo-se a remoção da amônia. A desaminação hidrolítica é também utilizada pela APOBEC1 nas reações (C→U).

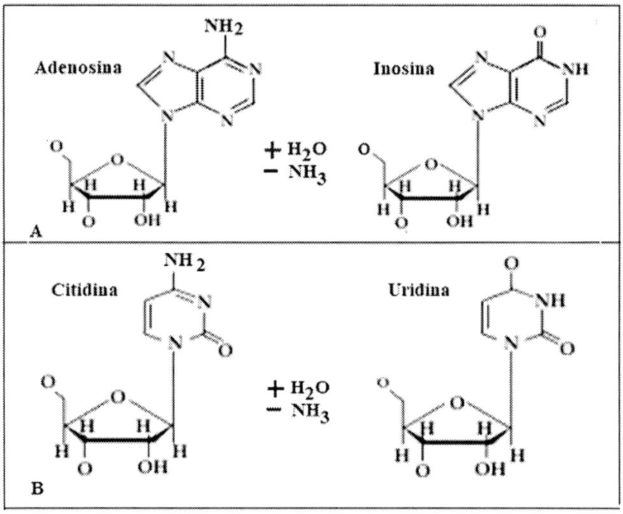

Adenosina $+ H_2O$ $- NH_3$ Inosina

A

Citidina $+ H_2O$ $- NH_3$ Uridina

B

As enzimas que atuam nos dois tipos predominantes de edição por alteração química do nucleotídeo "reconhecem" a sequência de nucleotídeos-alvo, isto é, onde estão os nucleotídeos que devem ser modificados. Nos dois tipos de edição, a desaminação é o mecanismo bioquímico; a maquinaria utilizada, porém, difere.

9.2.2.1 Edição A→ I

Esta é a forma de edição prevalente no genoma nuclear dos animais e a que tem sido mais bem estudada. No homem foram detectados milhões de pontos genéticos que sofrem a edição A→ I (adenina para inosina). Parte desses pontos localiza-se na região codificadora e pode produzir novas sequências proteicas. Contudo a maioria ocorre em regiões *não codificadoras* (regiões UTRs 5'e 3' e íntrons). Assim, o papel dessa edição ainda é pouco conhecido, com poucos exemplos que indicam funcionalidade.

Como já foi mencionado, a edição A→ I é catalisada por *editases* da família proteica ADAR. Trata-se de uma família de desaminases da adenosina, específicas para atuar sobre o RNA, compreendendo as enzimas ADAR1, ADAR2 e ADAR3. ADAR 1 e 2 são encontradas em vários tecidos, mas ADAR3 é específica do cérebro. As duas primeiras precisam formar homodímero para atuar, enquanto ADAR3 atua sob a forma monomérica. Um dímero é uma proteína formada por duas subunidades que podem ser idênticas e, nesse caso, são chamadas homodímeros, ou ser diferentes, então chamadas heterodímeros. Essas *editases* convertem a *adenosina em inosina* nas regiões do RNA onde ocorre a formação de um *hairpin*. O hairpin é criado pelo dobramento do próprio filamento de RNA, formando uma região dupla invertida onde os nucleotídeos se pareiam e servem de sítio para a edição. A inosina resultante desse processo de edição tem a propriedade de parear com a citosina, de forma *não canônica* (isto é, que não obedece ao padrão normal), e é traduzida como guanosina.

Um exemplo de edição A→ I refere-se ao aminoácido glutamato e seus receptores. O glutamato é o neurotransmissor excitatório mais comum do sistema nervoso de mamíferos. Ele fica armazenado em vesículas pré-sinápticas e quando liberado pelo impulso nervoso, liga-se a receptores específicos que contêm canais de íons pós-sinápticos, cuja abertura ele ativa. A função dos receptores é de extrema importância, uma vez que eles são mediadores da transmissão excitatória rápida, no sistema nervoso central. Os receptores do glutamato formam famílias proteicas, uma das quais é constituída pelos receptores AMPA (α-amino-3-hydroxy-5-methyl-4-isoxazolepropionic acid), que agem como canais de cátions (íons positivamente carregados).

Os AMPA são os receptores mais comumente encontrados no sistema nervoso. São formados por quatro tipos de subunidades (ou módulos) designadas GluA1, GluA2, GluA3 e GluA4. Essas subunidades são codificadas por diferentes genes e se combinam de forma variável, constituindo tetrâmeros. A maioria dos receptores AMPA do cérebro (mais de 99%, no cérebro pós-natal) é editada no RNA m de sua subunidade GluA2. No RNA m, a enzima ADAR2 converte o códon CAG, codificador da glutamina (Gln;Q) em um códon CIG para arginina (Arg;R). Os receptores GluA2 editados não são permeáveis ao cálcio (Ca^{2+}). Essa impermeabilidade ocorre também quando a subunidade GluA2 está ausente do tetrâmero. No cérebro há, porém, outros receptores (receptores NMDA) que permitem o influxo do cálcio. Admite-se que o impedimento da entrada do cálcio pelos receptores AMPA seja uma forma de evitar a *excitotoxicidade* (superexcitação sináptica), cujo efeito é o desenvolvimento de patologias e mesmo a morte (Figura 9.5).

Figura 9.5 A, B. Esquemas mostrando a edição do RNA m correspondente ao Módulo 2 (GluA2) do receptor do glutamato, que ocorre nos neurônios dos mamíferos, resultando na transformação da glutamina (códon CAG-Q) em arginina (códon CIG-R). Essa edição dá-se na posição 607 do receptor. A transformação de Q para R tem como consequência o bloqueio da passagem dos cátions Ca^{+2} para o interior da célula, isto é, ela torna o receptor impermeável ao cálcio. Em A, observa-se o hairpin no RNA, base para a edição que transforma glutamina em arginina. Em B, observa-se o receptor com seus quatro módulos, embutido na membrana celular, sendo que M 2 (GluA2), devido à mudança de glutamina para arginina (Q/R), sofre modificação de sua forma e isso impede a passagem do cálcio. N e C = extremidades amino e carboxi. M = módulo (adaptado de Changyong e Yao-Ying, 2021).

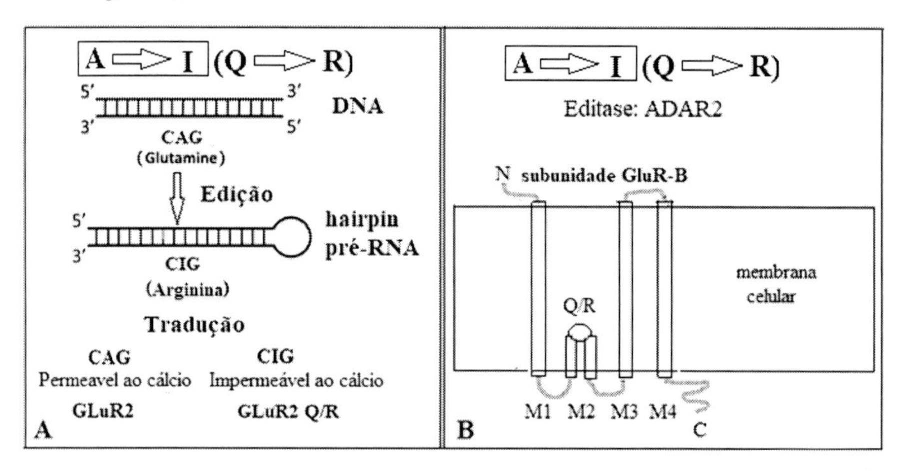

A redução dos níveis de edição por bloqueio da ação da ADAR2, no locus Q/R do GluR-B causa a morte dos camundongos por disfunção cerebral, logo após o nascimento. *In vivo*, nesses camundongos, o nível da referida edição é próximo de 100%. É interessante o fato de que a enzima ADAR2 consegue editar seu próprio pré-RNA, criando um novo sítio de *splicing* que autorregula seus níveis na célula, isto é, ele se *autoedita*, gerando esse efeito. Descobriu-se também que, em muitos sítios, os RNAs editados por ADAR são retidos no núcleo.

Outra família enzimática com a mesma função da ADAR, isto é, desaminar a adenosina, mudando-a para inosina, foi encontrada nos RNAs de transferência (RNAs t). É a família ADAT. Os membros de ambas as famílias são conservados nos eucariotos, desde leveduras até o homem. A edição A→I nos anticódons dos RNAs t é essencial para a viabilidade. O RNA t é o tipo de RNA mais intensamente modificado e essa modificação desempenha um papel crucial na manutenção da eficiência da tradução. Há ainda dados indicativos de que ambas as famílias, ADAR e ADAT, são importantes reguladoras do *splicing* alternativo e do controle transcricional.

9.2.2.2 A edição C→U

Embora a edição C→U seja considerada, pela frequência com que ocorre, a segunda forma de edição dos RNAs de genes nucleares, em animais, há poucos exemplos de sua ocorrência bem documentados no homem. O mecanismo molecular da edição que modifica C→U envolve desaminação hidrolítica da citosina mudando-a para uma base uracila. A edição C→U é predominantemente catalisada pelas enzimas AID (*activation-induced cytidine deaminase*)/APOBEC (*apolipoprotein B mRNA editing enzyme, catalytic polypeptide*). No genoma humano, as enzimas AID são codificadas por uma família de 10 genes (*APOBEC1, 2, 3A–D, 3F–H,* e *4*). Essas enzimas têm localização tecido específica. Por exemplo, a APOBEC1 é observada, primariamente, no intestino da maioria dos mamíferos. Já a APOBEC2 é expressa no músculo esquelético e no tecido cardíaco, onde é essencial para o desenvolvimento dos músculos.

Um dos exemplos mais bem conhecidos de edição, no homem, é o que atua no RNA m dos genes *APOB*, resultando, na produção de uma forma truncada de proteína que atua no intestino delgado, com função diferente da não editada (Figura 9.6). Mais detalhadamente, a Apolipoproteina B (Apo B) apresenta-se sob duas formas isomórficas, sendo, ambas, produtos do mesmo gene. As duas formas são denominadas ApoB-100 e ApoB-48 e estão envolvidas no metabolismo das lipoproteínas. A forma ApoB-100 é produzida, principalmente, no fígado, e é formada por 4.563 aminoácidos. A forma ApoB-48 é sintetizada no intestino delgado, sendo constituída por 2152 aminoácidos. A forma Apo B-48 é resultante da edição C→U que transforma o códon CAA, que codifica glutamina, em UAA, que codifica um stop códon.

Figura 9.6 A, B. A. Apolipoproteína B100 (APOB100) produzida no fígado humano apresenta 4.563 aminoácidos. O processo de edição C→U altera o RNA m do mesmo gene no intestino, transformando o códon 2152 em um novo stop códon (UAA). Disso resulta a formação, nesse órgão, da Apolipoproteína B48, com 2.152 aminoácidos.

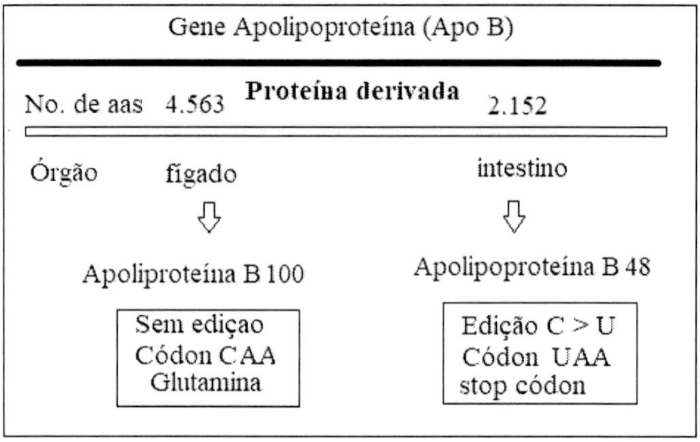

Gene Apolipoproteína (Apo B)

No. de aas 4.563 **Proteína derivada** 2.152

Órgão fígado intestino

Apoliproteína B 100 Apolipoproteína B 48

Sem ediçao
Códon CAA
Glutamina

Edição C > U
Códon UAA
stop códon

9.3 Edição do RNA e sua relação com doenças humanas

O desenvolvimento de novas tecnologias tem ampliado, substancialmente, o conhecimento dos mecanismos de edição, bem como evidenciado sua implicação em muitas doenças. Um dos achados mostrou que falha na edição A→I dos receptores da glutamina no sistema nervoso central, pode levar ao fenômeno chamado excitotoxicidade que, em elevadas concentrações, pode produzir doenças neurodegenerativas, como esclerose lateral amiotrófica, doença de Huntington, Alzheimer, entre outras, e quando em baixas concentrações pode levar à esquizofrenia.

Doenças autoimunes como lúpus eritematoso sistêmico e a síndrome Aicardi-Goutières (AGS), uma encefalopatia que afeta recém-nascidos e causa disfunção severa, física e mental, têm também sido relacionadas com alterações no padrão de edição pelas enzimas ADARs.

O câncer está ligado, de forma significativa, à edição do RNA, tanto em níveis aumentados como diminuídos, abrangendo a origem e a progressão da malignidade. Diminuição da edição normal A→I foi identificada em tumores do cérebro, rim, pulmão, próstata e testículo. Já níveis elevados da mesma foram encontrados em tecidos da maioria dos tipos de câncer, especialmente tiroide, cabeça e pescoço, mama e pulmão, predominando, nesses casos, um prognóstico ruim.

De modo geral, existem boas perspectivas (muitas já confirmadas) para o uso da edição do RNA, tanto no diagnóstico como no tratamento de doenças genéticas. Por exemplo, a recodificação das desaminases envolvidas nos processos C→U tem mostrado a capacidade de corrigir mutações genéticas, pela sua reversão ou por manipulação de passos do processamento, como o RNA *splicing*. Pensa-se no uso da edição de forma ampla para identificação de biomarcadores específicos das doenças envolvidas e a possibilidade de aplicar uma terapia personalizada para várias doenças, com maior chance de sucesso.

9.4 Comentário

A *edição*, de que trata este capítulo, é mais uma forma de modificação, inesperada, da linguagem do RNA m. É um mecanismo que se soma ao *processamento*, na produção de modificações no código do RNA, isto é, ambos atuam como recodificadores do RNA. Na verdade, a comparação entre o código do DNA transcrito, inicialmente, e o código do RNA que, finalmente, é traduzido em proteína, mostra muitas modificações que podem gerar variabilidade na produção de proteínas. A *edição* tem sido ligada a características patológicas, mas é também considerada um processo altamente promissor para manipulação laboratorial, objetivando desenvolver tratamentos médicos individuais.

9.5 Referências

CHANGYONG, G.; YAO-YING, M. Calcium Permeable-AMPA Receptors and Excitotoxicity in Neurological Disorders. *Front. Neural Circuits*, v. 15, 2021. Disponível em: https://doi.org/10.3389/fncir.2021.711564. Acesso em: 23 jan. 2024.

CHRISTOFI, T.; ZARAVINOS, A. RNA editing in the forefront of epitranscriptomics and human health. *Journal of Translational Medicine*, v. 17, n. 319, 2019. Disponível em: https://doi.org/10.1186/s12967-019-2071-4. Acesso em: 2 out. 2023.

ESTÉVEZ, A. M.; SIMPSON, L. Uridine insertion/deletion RNA editing in trypanosome mitochondria — a review. *Gene*, v. 240, n. 2, p. 247-260, 1999. Disponível em: https://doi.org/10.1016/S0378-1119(99)00437-0. Acesso em: 2 out. 2023.

ICHINOSE, M. *et al.* U-to-C RNA editing by synthetic PPR-DYW proteins in bacteria and human culture cells. *Communications Biology*, v. 5, n. 968, 2022. Disponível em: https://www.nature.com/articles/s42003-022-03927-3. Acesso em: 19 abr. 2024.

KUNG, C.-P.; MAGGI-JR, L. B.; WEBER, J. D. The Role of RNA Editing in Cancer Development and Metabolic Disorders. *Front. Endocrinol*, v. 9, 2018. Sec. Cancer Endocrinology. Disponível em: https://doi.org/10.3389/fendo.2018.00762. Acesso em: 2 out. 2023.

WIKIPEDIA. The Free Encyclopedia. RNA Editing. Editado em 24 ago. 2023. Disponível em: https://en.wikipedia.org/wiki/RNA_editing#. Acesso em: 24 jan. 2024.

WIKIPEDIA. The Free Encyclopedia. RNA splicing. Última edição em 26 nov. 2023. Disponível em: https://en.wikipedia.org/wiki/RNA splicing. Acesso em: 31 jan. 2024.

Capítulo 10

TRANSPORTE DE RNAs E PROTEÍNAS ENTRE NÚCLEO E CITOPLASMA ("VIAGENS" ESSENCIAIS PARA A SOBREVIVÊNCIA CELULAR)

10.1 Introdução

Depois que o RNA m é *transcrito* no núcleo celular e é submetido às modificações moleculares que o amadurecem, ele deve passar para o citoplasma. Essa passagem é realizada através dos poros presentes na membrana nuclear, também chamada envelope nuclear (EN), que separa as duas regiões celulares. No citoplasma, a sequência nucleotídica do RNA m será *traduzida*, originando a proteína. Para que a tradução ocorra, o trajeto do núcleo para o citoplasma deve ainda ser percorrido por outros elementos envolvidos no processo: o RNA ribossômico e o RNA transportador, ambos também produzidos no núcleo. No citoplasma, os três tipos de RNA deverão encontrar-se para a leitura final do código genético.

O transporte do núcleo para o citoplasma não é a única direção de deslocamento de substâncias necessárias para que as funções celulares se processem. O transporte na direção oposta (citoplasma para núcleo) também é utilizado. As proteínas são exclusivamente produzidas no citoplasma e, assim, devem dirigir-se ao núcleo para realizar diferentes atividades. Este é, por exemplo, o caso dos *fatores de transcrição*, que já vimos em capítulo anterior; eles são proteínas que controlam a ação gênica, reconhecendo e ativando os genes que devem ser expressos para atender às necessidades celulares. É também o caso de outras proteínas, como as histonas que, junto com o DNA, compõem os nucleossomos. É, também, o caso das proteínas envolvidas no processamento dos RNAs e as que atuam na replicação e no reparo do DNA, entre outras.

Em algumas situações, o "roteiro da viagem" é mais complexo, como ocorre com as proteínas que se associam ao RNA r compondo os ribossomos. Essas proteínas são feitas no citoplasma, migram para o núcleo onde se juntam com o RNA r para formar os ribossomos e depois retornam ao citoplasma onde vão atuar na tradução do RNA m. Cada mudança de meio requer passagem pelos poros da membrana nuclear.

10.2. O envelope nuclear (EN) e o complexo de poro nuclear (CPN)

A membrana que separa o núcleo do citoplasma é uma membrana dupla denominada envelope nuclear (EN ou *NE =nuclear envelope*), a qual, ao compartimentalizar a célula, isolou do citoplasma a substância detentora da informação genética, o DNA. A presença de envelope nuclear é o elemento estrutural básico utilizado para diferenciar eucariotos e procariotos. Assim, definimos os eucariotos como organismos cujas células apresentam núcleo contornado por membrana. Admite-se que essa compartimentalização, embora cause aumento do trabalho celular, foi mantida no processo evolutivo porque, paralelamente ao transporte, propiciou o desenvolvimento de meios de vigilância da qualidade do RNA m, garantindo que apenas RNAs m normais, isto é, em condições de produzir proteínas corretas, cheguem à maquinaria de tradução.

A principal função do EN é, então, proteger o genoma e, paralelamente, garantir a passagem de substâncias que sejam normais, entre os dois compartimentos que ele separa. Os poros que se apresentam na extensão desse envelope e são utilizados para as trocas entre os dois meios, são canais aquosos contornados por complexos multiproteicos originados do EN. No conjunto, os poros e mais esses complexos recebem o nome abreviado de *complexos do poro nuclear* (CPNs), em inglês, *nuclear pore complexes* (NPCs). Esses canais regulam a movimentação de íons e moléculas, nos dois sentidos. Através deles, as macromoléculas de RNA e proteína podem mover-se entre os dois compartimentos, após serem submetidas a um controle rigoroso. Pequenas moléculas solúveis em água podem passar pelo poro por difusão passiva. Moléculas como ATP e íons estão nesse caso.

As duas membranas que compõem o envelope nuclear são separadas pelo *espaço perinuclear*: a membrana externa fica em contato com o citoplasma (ONM) e a interna, portanto, está em contato com o nucleoplasma (INM). As duas membranas conectam-se pelos CPNs. Apesar de se conectarem, elas apresentam composição proteica diferente, indicando que apresentam funções diferentes. Nesse sentido, a membrana externa liga-se ao retículo endoplasmático que contém ribossomos revelando sua ligação com a tradução e o destino do produto gênico; a interna tem interação indireta com componentes nucleares como a cromatina e a lâmina nuclear que é uma rede de filamentos necessária para manter a arquitetura nuclear.

A estrutura dos CPNs é complexa, como são complexas também as interações que ocorrem em seu funcionamento, envolvidas com a seleção das substâncias que podem e devem atravessá-los. Apresentamos, aqui, algumas informações sobre essas estruturas, o suficiente para entender o trajeto que elas disponibilizam para a travessia das substâncias. O transporte de substâncias através dessas estruturas é uma atividade intensa, dada a necessidade contínua de trocas entre os dois compartimentos para o desempenho das funções celulares. Avalia-se que, em cada célula, ocorram cerca de 1.000 translocações ativas por CPN, por segundo!

O número de CPNs varia entre as células e entre os estágios celulares. Ele é maior em períodos de alta demanda transcricional, como no processo de divisão celular dos mamíferos, entre as fases G1 e G2, período em que sua quantidade é dobrada. Nos ovócitos também há um grande número de NPCs, necessário para atender às exigências da mitose acelerada que caracteriza os estágios precoces do desenvolvimento. De modo geral, a literatura menciona valores da ordem de 1000 CPNs, em cada célula de vertebrado.

Os complexos proteicos que compõem os CPNs são considerados atualmente os maiores complexos intracelulares, sendo que cada CPN é formado por, pelo menos, 456 moléculas proteicas individuais, compondo 34 subunidades diferentes chamadas *nucleoporinas* (Nups).

As nucleoporinas são de dois tipos: transmembranas e estruturais. As primeiras ancoram os CPNs na membrana nuclear e as segundas formam um esqueleto que apresenta uma passagem central, semelhante à que existe em uma ampulheta. O lume dessa passagem é preenchido por nucleoporinas desordenadas que incluem repetições de *motivos* contendo, principalmente, fenilalanina e glicina e são denominadas nucleoporinas FG ou *FGnups*. Essas nucleoporinas se estendem para o interior do canal, formando uma rede hidrofóbica densa que serve de local de ancoragem para as proteínas *importinas* e *exportinas* envolvidas, respectivamente, na importação e na exportação de substâncias. Dessa forma, elas constituem uma barreira que limita trocas de macromoléculas indevidas entre o núcleo e o citoplasma.

A microscopia eletrônica aplicada ao estudo da estrutura dos CPNs mostrou que sua forma geral é a de um cilindro portador de simetria octogonal, que atravessa o envelope nuclear, circundando o canal central, em forma de ampulheta, que dá passagem às substâncias que serão transportadas (Figura 10.1). Estão presentes nessa estrutura, dois anéis dispostos, um na extremidade citoplasmática e outro na nuclear. Entre os dois, ocorre uma série de outros anéis (não mostrados no esquema) que apresentam uma estrutura octogonal simétrica e também circundam o canal central. Ligados ao anel citoplasmático, distendendo-se para o citoplasma, estão oito filamentos. Ao anel nuclear liga-se uma estrutura com a forma semelhante a uma cesta de basquete que se estende para o interior do núcleo.

A ideia que se tem é a de que, quando a carga vai passar pelo poro, ela interage, primeiro, com as estruturas periféricas, move-se então para o canal central e é liberada no compartimento a que se destina (*sítio-alvo*).

Figura 10.1. Esquema da estrutura de um complexo de poro (CPN) em vista lateral (A) e em vista superior, do lado do citoplasma (B). Em A, observam-se os dois anéis ou discos, o citoplasmático e o nuclear, a estrutura com aspecto de cesta de basquete, no lado nuclear, e os oito filamentos que saem do disco, no lado citoplasmático. Em B, pode-se observar a estrutura octogonal do anel visto do lado citoplasmático, o canal central (CC) e a presença dos oito filamentos que se distendem no citoplasma. O lume do poro central é preenchido por nucleoporinas desordenadas, com as quais as moléculas transportadas interagem para viabilizar o transporte (adaptado de Xuekun, Chao, Fangfeil *et al.*, 2018).

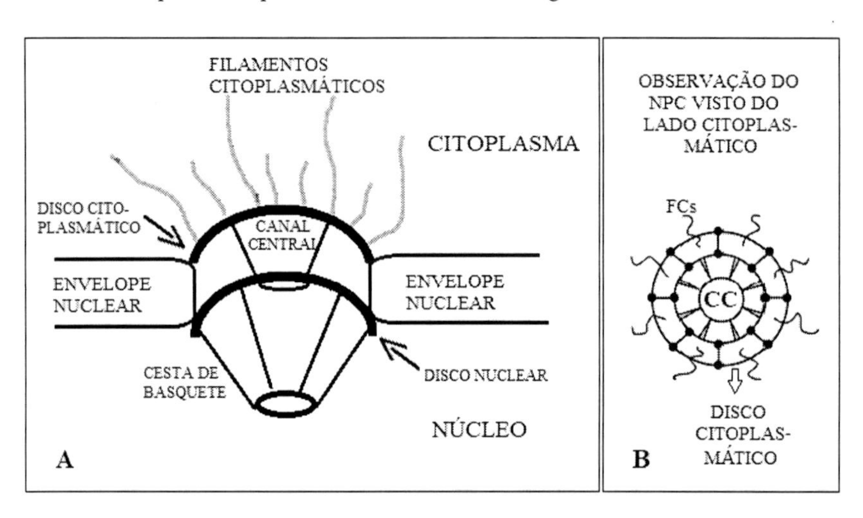

Estudos mais recentes têm sugerido outras funções celulares para os CPNs, além do transporte núcleo-citoplasma. As Nups (nucleoporinas) que os compõem, além do envolvimento nesse transporte, atuariam na regulação da transcrição, na regulação do ciclo celular e no reparo do DNA.

10.3 Informações gerais sobre a exportação e a importação

Denomina-se *exportação* o transporte de substâncias do núcleo para o citoplasma e *importação* o movimento na direção oposta. Quando se trata de moléculas pequenas, com massa até próxima de 40 kDa (quarenta mil daltons), essa movimentação ocorre livremente por difusão passiva (denomina-se Dalton uma unidade de medida de massa utilizada para peso molecular, que também pode ser expresso em KDa). Já o transporte das moléculas com massa superior a esse valor é altamente seletivo.

O transporte núcleo-citoplasmático dessas moléculas com maior massa, como é o caso dos RNAs e proteínas, requer *receptores de transporte específicos,* essenciais para transpor a barreira. O sistema de transporte entre os dois compartimentos celulares (núcleo e citoplasma) opera por um mecanismo de associação e dissociação entre as *moléculas-carga* e esses elementos transportadores, que são específicos para cada um desses compartimentos. Para estabelecer a conexão com os CPNs, as moléculas a serem transferidas precisam primeiramente associar-se com esses *fatores móveis de transporte,* também referidos como *receptores de transporte,* que são proteínas da família *carioferina,* presentes no nucleoplasma e no citoplasma. Esses fatores ou receptores de transporte são de dois tipos, já mencionados: *exportinas* e *importinas,* utilizadas, respectivamente, para saída e entrada de macromoléculas no núcleo. Mais de 20 carioferinas foram descritas para o ser humano, 11 das quais estão relacionadas com a importação ou com o transporte bidirecional das moléculas-carga e oito estão relacionadas com a exportação dessas moléculas, lembrando que cada carioferina tem especificidade em relação às moléculas-carga, isto é, cada carioferina tem a sua carga própria.

A associação entre os fatores de transporte e as moléculas a transportar é possível graças à presença, nas últimas, de sinais ou *motivos* específicos de reconhecimento que, assim, funcionam como "etiquetas". Os fatores de transporte reconhecem os *motivos* e "ajudam" as proteínas e os produtos da transcrição a passarem através dos CPNs. Os *motivos* denominados *sinais de localização nuclear (NLS)* caracterizam as proteínas que serão importadas (transporte do citoplasma para o núcleo) e que são reconhecidas pelas *transportadoras nucleares importinas.* Já as *sequências de consenso ou sinais de exportação nuclear (NESs),* que são *motivos* presentes nas proteínas que serão transportadas do núcleo para o citoplasma, são reconhecidas pelas *transportadoras citoplasmáticas exportinas.* Algumas proteínas-carga atuam nos dois sentidos, exportação e importação; nesse caso, apresentam os dois sinais de reconhecimento, NLSs e NESs e são denominadas *transportinas*.

A ligação exclusiva da molécula-carga com a importina ou exportina ainda não é suficiente para que o transporte se efetive. É preciso que haja a atuação de uma pequena proteína, *Ran*, da família Ras (Ran= *Ras related GTPase*), também conhecida como *GTP-binding nuclear protein ou GTP-BP*. A interação da proteína Ran com importinas e exportinas afeta a capacidade destas de segurar ou soltar a carga que está sendo transferida.

Ran existe na célula sob duas formas, intercambiáveis, de ligação ao nucleotídeo guanosina, sendo uma no núcleo (RanGTP), ligada ao GTP (guanosina trifosfato) e outra no citoplasma (RanGDP), ligada ao GDP (guanosina difosfato). O intercâmbio que ocorre entre essas duas formas faz com que as enzimas GTPases estejam bastante envolvidas nos processos de transferência de moléculas, entre núcleo e citoplasma. Enzimas ligam-se à GTP e a hidrolisam, resultando GDP, com liberação de energia utilizada no processo em andamento.

A conformação estrutural de Ran difere se estiver ligada a GTP ou GDP. No primeiro caso, ela é capaz de se ligar às importinas e exportinas, mas o efeito quanto à liberação da carga difere: as importinas liberam-na ao se ligarem à RanGTP, mas as exportinas devem se ligar a RanGTP para formar um complexo ternário juntamente com sua carga, antes da liberação.

10.3.1 Reunindo os passos que levam à importação

A Figura 10.2 mostra, em esquema, a movimentação molecular envolvida na importação de substâncias do citoplasma para o núcleo. O primeiro passo envolve a ligação, no citoplasma, entre os receptores nucleares de importação (importina) e a molécula-carga, formando o complexo *importina-carga*. Na carga há sinais nucleares de localização NLS que são reconhecidos pela importina. Os sinais de localização nuclear NLS são, geralmente, peptídios curtos que mediam o transporte de proteínas do citoplasma para o núcleo. Diferentes importinas reconhecem tipos diferentes de NLS. Assim, a célula dispõe e reconhece um amplo repertório desses sinais de localização que estão disponíveis nas proteínas a serem importadas (proteínas nucleares).

Assim que é formado, o complexo importina-carga atravessa o poro, migrando para o núcleo. Quando o complexo importina-carga chega ao núcleo, o fator nuclear RanGTP liga-se à importina, causando, nesta, uma mudança de conformação da qual resulta a liberação da carga, que permanece no núcleo. O complexo importina+ RanGTP transloca-se de volta para o citoplasma, através do NPC. No citoplasma, GTP (associado à importina) é hidrolisado pelo fator citoplasmático RanGAP (*GTPase activating protein*), transformando-se em RanGDP. Essa transformação de RanGTP para RanGDP produz energia, causando nela uma mudança conformacional que a separa da importina. RanGDP agora retorna ao núcleo levada por uma proteína de transporte especializada denominada NTF2. De volta ao núcleo, RanGDP transforma-se em RanGTP pela ação do fator RanGEF (fator de troca da guanina, associado à cromatina), recomeçando novo ciclo.

Figura 10.2. O presente esquema da *importação* mostra que nela ocorrem três passagens dos elementos pelos poros. Os elementos que iniciam o processo envolvem o fator de transporte nuclear, a importina, ligada à carga, isto é, à proteína a ser importada (passagem 1), no caso poderia ser, por exemplo, um fator de transcrição que é produzido no citoplasma e deve ir para o núcleo a fim de ativar o gene. Uma vez no núcleo, sofrem a ação da RanGTP que passa a RanGDP e a carga transportada se separa para permanecer no núcleo onde executará sua função. A importina agora ligada ao RanGTP volta para o citoplasma (passagem 2), onde sofre a ação do RanGAP que libera a importina cuja localização é o citoplasma mesmo, e o RanGDP, auxiliado pelo fator NTF2, volta ao núcleo (passagem 3), onde sob ação do fator RanGEF reassume a condição inicial de RanGTP, pronto para nova atuação.

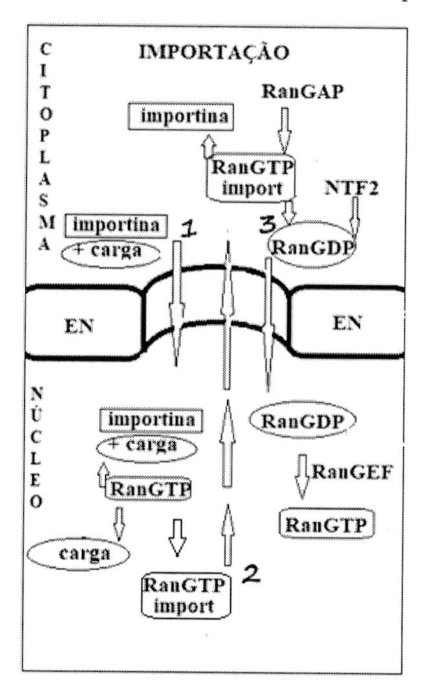

A importação é, assim, dirigida pela energia liberada na transformação hidrolítica do RanGTP em RanGDP, que no citoplasma é irreversível, isto é, não volta a RanGTP. A reversão só ocorre no núcleo e é alimentada pelo gradiente de localização de RanGTP, maior no núcleo do que no citoplasma.

10.3.2 Reunindo os passos que levam à exportação

Diferentes espécies de RNA são produzidas no núcleo e devem ser exportadas para o citoplasma através dos complexos de poros nucleares (CPNs). Os RNAs de molécula pequena como os RNAs t, e os microRNAs têm um sistema relativamente simples de exportação, envolvendo a ligação direta com o receptor de exportação. O mesmo não acontece com RNAs grandes, como os mensageiros e os ribossômicos.

A exportação do RNA m é um processo essencial para a expressão gênica nos eucariotos. Ele é exportado na forma de complexo RNA m + proteína (ribonucleoproteína mensageira; RNAP m), porque, logo após o início da transcrição, várias proteínas se ligam a ele. O processo canônico do ciclo de exportação do RNA m, através dos NPCs, assemelha-se ao do ciclo da importação. A hidrólise, isto é, a produção de energia, e o gradiente, isto é, a diferença de concentração de RanGTP, criam as condições que direcionam o processo da exportação.

Com exceção do RNA t, que não tem adaptadores, a exportação de RNAs é mediada por sinais de exportação nuclear, já mencionadas, presentes nas moléculas-carga que são reconhecidas pelo fator de exportação, a exportina.

A Figura10.3 contém o esquema que descreve os passos envolvidos na exportação de substâncias do núcleo para o citoplasma. O processo de exportação nuclear da molécula de RNA m tem início no núcleo (obviamente), com a ligação entre RanGTP e a exportina. Esse processo produz uma modificação na forma da exportina que aumenta sua afinidade pela substância-carga. Esta, então, ainda no núcleo, liga-se à exportina + RanGTP, formando um *complexo trimérico* que se difunde para o citoplasma através do poro. No citoplasma, o complexo trimérico sofre a ação da enzima GTPase que hidrolisa GTP a GDP, causando uma mudança de forma que resulta na dissociação do complexo ternário pela liberação da exportina-carga. RanGDP volta para o núcleo onde há troca de GDP por GTP pela ação do fator GEF (fator de troca da guanina). Já não mais estando ligada à Ran, a exportina perde a afinidade pela carga (RNA m) completando a dissociação do complexo trimérico. A exportina também volta para o núcleo, onde é reciclada, e a carga permanece no citoplasma onde realizará suas funções.

Figura 10.3. A exportação envolve duas passagens pelo NPC, uma do núcleo para o citoplasma e uma de retorno. O processo inicia no núcleo, com a formação do complexo trimérico, composto pelo fator de transporte que é a exportina, mais a carga a ser transportada (o RNA m associado a proteínas) e mais o RanGTP (provedor de energia). Esse complexo passa para o citoplasma. Neste, GTPase hidrolisa RanGTP a RanGDP e a carga RNAP m é liberada. Exportina e RanGDP retornam ao núcleo. RanGDP sob ação de GEF volta a RanGTP.

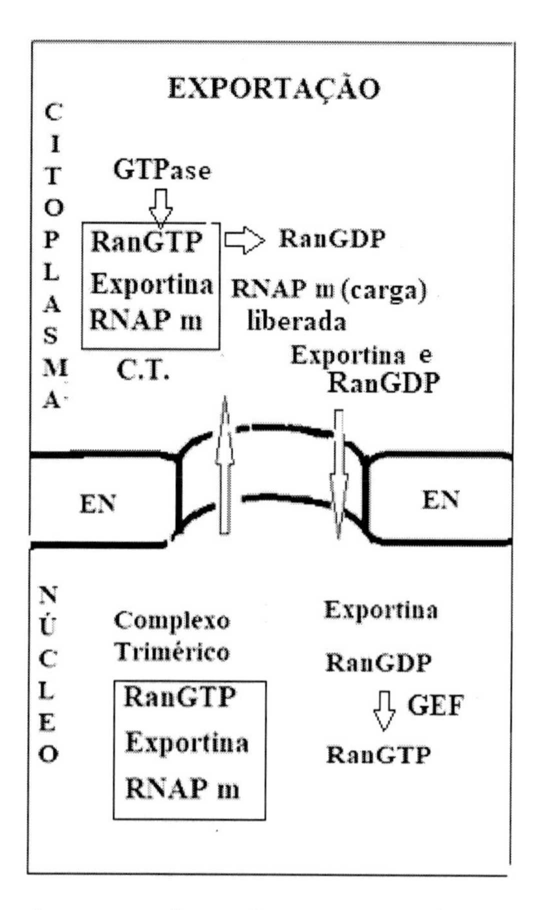

Comparando os mecanismos de exportação e importação, observa-se que o complexo RanGTP tem papel oposto nos dois processos: enquanto a exportina requer RanGTP para se associar à sua carga, isto é, à molécula a ser transportada, a importina depende de RanGTP para se dissociar dela.

Após a descrição dos processos de transporte núcleo-citoplasmático nas duas direções, podemos relacionar quatro fatores que são básicos no transporte entre núcleo e citoplasma:

1. as nucleoporinas (Nups), que são as proteínas dos NPCs;
2. as RanGTPases, que permitem o transporte bidirecional ativo pela produção de energia;
3. as carioferinas (importinas e exportinas), que reconhecem as moléculas a serem transportadas (moléculas-carga); e
4. os sinais de localização nuclear (NLSs) e os sinais de exportação nuclear (NESs) existentes nas moléculas-carga e que são reconhecidos pelas carioferinas.

10.4 Sobre os receptores envolvidos no transporte

Os *fatores de transporte ou receptores de transporte* têm a função de reconhecer, especificamente, tipos diferentes de sinais NLSs e NESs, presentes nas substâncias-carga, com os quais devem se associar para viabilizar, respectivamente, a importação e a exportação. Esses fatores, além de reconhecerem a substância a ser transportada, facilitam sua translocação através da interação com nucleoporinas FG dos poros. Os receptores de transporte nuclear são codificados por famílias gênicas. Cada membro da família codifica um receptor que é especializado no transporte de um grupo de proteínas nucleares que partilham sinais de localização estruturalmente semelhantes.

Em relação à exportação do RNA m, há alguns fatores de transferência melhor conhecidos quanto à sua atuação. Por exemplo, o fator TAP-p15 dos metazoários (corresponde ao Mex67-Mtr2 da levedura) é um fator de exportação comprovadamente importante. Sua inativação ou redução da disponibilidade em *Saccharomyces cerevisiae, Caenorhabditis elegans* e *Drosophila melanogaster* causa acumulação de RNA no nucleoplasma e pode ser letal. Mex67- Mtr2, seu correspondente na levedura, tem a capacidade de se ligar a aproximadamente 1.150 RNAs m, o que corresponde a cerca de 36% de toda a atividade transcricional desse organismo. Outro exemplo de fator de transporte é o complexo TREX (transcription/export complex), altamente conservado e atuante na exportação do RNA m dos eucariotos.

10.5 Sobre a transferência de RNAs envolvidos na síntese

10.5.1 RNA m

A transferência de cada tipo de RNA envolve elementos próprios. No caso do RNA m, a preparação para seu envio ao citoplasma exige que ele se associe com muitas proteínas que o transformam em uma grande partícula de ribonucleoproteína (RNP m). Essa associação com ampla variedade de proteínas começa a ser realizada durante a transcrição (em leveduras) e o *splicing* (nos metazoários), mostrando que o preparo para exportação do RNA m é integrado a esses processos. Como já mencionado, essa integração indica tratar-se de uma forma importante de assegurar que apenas RNAs m funcionais sejam enviados ao citoplasma para tradução, mantendo a fidelidade da expressão gênica.

10.5.2 RNA r

As subunidades do RNA ribossômico, com 40S e 60S (S significa coeficiente de sedimentação, como já vimos em outro capítulo), estão entre as maiores cargas que são transportadas do núcleo para o citoplasma através dos NPCs. Verificou-se que o transporte da subunidade maior, nas leveduras, depende de vários receptores de exportação diferentes que a ela se ligam simultaneamente, no núcleo, facilitando o processo de passagem através do NPC. Nesse organismo, verificou-se que tanto o RNA m como a subunidade maior do RNA r são ligados ao receptor Mex67-Mtr2 (o correspondente em humanos é TAP-p15), que interage com as nucleoporinas FG que revestem o canal de transporte dos NPCs. No processo de transporte do núcleo para o citoplasma, o receptor Mex67-Mtr2 também se liga à subunidade ribossômica 40S.

10.5.3 RNA t

A exportação do RNA t ocorre após ação de mecanismos de controle de qualidade que impedem o transporte de RNAs t não funcionais. Nos vertebrados, o receptor exportador do RNA t é específico e denominado *exportina-t*. Este é também um membro da superfamília carioferina e se liga diretamente à substância-carga no núcleo em um processo que é dependente de RanGTP. Mutações que afetam a estrutura dos RNAs t impedem sua ligação à exportina-t e, consequentemente, não podem ser exportados, o que representa mais uma forma de controle de qualidade. Após o transporte do complexo para o citoplasma, ele dissocia-se e libera o RNA t-carga.

10.6 Patologia ligada ao transporte entre núcleo e citoplasma

Alterações dos elementos e processos componentes do transporte entre núcleo e citoplasma têm sido objeto de ampla abordagem quanto aos seus efeitos patológicos e, é evidente, têm sido objeto de intensa busca no sentido de desenvolver técnicas capazes de corrigi-las. Essas alterações são diversas, abrangendo, entre outras, o número e mutação de poros, a sub e superexpressão de importinas e exportinas, a alteração na localização normal de proteínas transportadas e mutações nos "motivos" de reconhecimento.

Doenças neurodegenerativas graves e muitos tipos de câncer têm sido atribuídos a essas alterações. Anomalias dos CPNs têm sido também relacionadas ao envelhecimento e com doenças degenerativas características do processo de envelhecimento, incluindo a esclerose amiotrófica lateral (ELA), a demência frontotemporal (FTD), a doença de Alzheimer (AD) e a doença de Huntington (HD).

A superexpressão de importinas e exportinas, tem sido associada a muitos tipos de câncer, incluindo malignidades do sangue (leucemia aguda e mieloma) e de vários órgãos (câncer ovariano, pancreático e gástrico, sarcoma, melanoma, glioma, e câncer cervical).

Falhas nas NUPs, as nucleoporinas que compõem o complexo de poro nuclear, associam-se com doenças neurodegenerativas. Por exemplo, mutações "sem sentido" na formação das nucleoporinas NUP62 e NUP358 causam, respectivamente, *necrose estriatal bilateral infantil* e *encefalopatia necrotizante aguda*. Como já foi mencionado, denomina-se mutação genética "sem sentido" a uma mutação que leva à formação de um códon (sequência de três bases nitrogenadas) de término precoce da cadeia de aminoácidos, cortando-a antes do fim normal. Mais um caso: a deleção (perda) do gene para NUP133 em ratos que causa *não fechamento do tubo neural* e *letalidade embrionária*.

Condições anormais envolvendo os CPNs podem ainda causar outros problemas, como a localização não apropriada de componentes, do que decorrem agregação proteica e alterações da biossíntese ou metabolismo. O processo de exportação nuclear é, ainda, responsável pelo desenvolvimento de alguma resistência a drogas quimioterápicas.

Esforços no sentido de desenvolver inibidores como uma nova forma terapêutica para contrapor a doenças relacionadas ao transporte resultaram na autorização, para uso clínico, de um inibidor específico da exportina celular XPO1.

O avanço dos estudos sobre o efeito das carioferinas tem permitido identificar novos alvos terapêuticos. Tendo em vista a importância clínica, prevê-se a continuidade e ampliação dos estudos sobre os mecanismos moleculares de transporte entre núcleo e citoplasma.

10.7 Comentário

Substâncias que devem funcionar juntas, em um mesmo local da célula, mas que são produzidas separadamente, como é o caso das que são produzidas no núcleo e no citoplasma, requerem a existência de *mecanismos de transporte* que possam reuni-las para realização da tarefa que lhes cabe. Esses mecanismos utilizam os poros presentes na membrana nuclear para a travessia e reunião das substâncias. Muitas doenças humanas estão relacionadas a alterações estruturais e falhas nesse transporte, mas, esse é um dos mecanismos de regulação vistos hoje como sendo de grande importância clínica.

10.8 Referências

DING, B.; SEPEHRIMANESH, M. Nucleocytoplasmic Transport: Regulatory Mechanisms and the Implications in Neurodegeneration. *Int J Mol Sci.*, v. 22, n. 8, p. 4165, 2021. Disponível em: https://doi.org/10.3390/ijms22084165. Acesso em: 4 out. 2023.

KIM, Y. H.; HAN, M.-E.; OH, S.-O. The molecular mechanism for nuclear transport and its application. *Anat Cell Biol.*, v. 50, n. 2, p. 77-85, 2017. Disponível em: Doi: 10.5115/acb.2017.50.2.77. Acesso em: 4 out. 2023.

MACARA, I. G. Transport into and out of the Nucleus. *Microbiol Mol Biol Rev.*, v. 65, n. 4, p. 570-594, 2001. Disponível em: doi: 10.1128/MMBR.65.4.570-594,2001. Acesso em: 4 out. 2023.

STEWART, M. Function of the Nuclear Transport Machinery in Maintaining the Distinctive Compositions of the Nucleus and Cytoplasm. Int. J. Mol. Sci., v. 23, n. 5, p. 2578, 2022. Disponível em: https://doi.org/10.3390/ijms23052578. Acesso em: 4 out. 2023.

XIE, Y.; REN, Y.I. Mechanisms of nuclear mRNA export: a structural perspective. *Traffic*, v. 20, n. 11, p. 829-840, 2019. Disponível em: http://doi.org/10.1111/tra.12691. Free PMC article. Acesso em: 4 out. 2023.

XUEKUN, F.; CHAO, L.; FANGFEI, L. *et al.* The Rules and Functions of Nucleo-cytoplasmic Shuttling Proteins. *Int J Mol Sci.*, v. 19, n. 5, p. 1445, 2018. Disponível em: doi: 10.3390/ijms19051445. Acesso em: 23 jan. 2024.

WENTE, S. R.; ROUT, M. P. The Nuclear Pore Complex and Nuclear Transport. *Cold Spring Harb Perspect Biol.*; v. 2, n. 10, p. a000562, 2010. Disponível em: doi: 10.1101/cshperspect.a000562. Acesso em: 24 abr 2024.

Capítulo 11

O TURNOVER DO RNA m: ESTABILIDADE E DEGRADAÇÃO (AS PROTEÍNAS SÃO DISPONIBILIZADAS DE FORMA CONTROLADA)

11.1 Introdução

Já vimos que o RNA mensageiro (RNA m), por ser intermediário na sequência de reações que ocorrem entre o DNA e a síntese proteica, exerce um papel fundamental na sobrevivência dos organismos. Assim, não é de estranhar que sua disponibilidade seja amplamente controlada, visando a ajustar a presença de cada produto gênico à demanda, variável no desenvolvimento e no dia a dia da vida celular. A falta ou o excesso de uma única proteína pode ter consequências danosas. Um exemplo, a este respeito, é o da presença excessiva de um fator de crescimento que pode acelerar a reprodução celular e tornar a célula cancerosa, ou o da falta do hormônio insulina, produzido pelas células beta do pâncreas, que pode levar à diabete.

Assim, dado que a presença do RNA m disponível para tradução é um fator básico na quantidade de proteína produzida, este é um nível em que o controle pode ser efetuado. Esse controle da disponibilidade do RNA m para tradução utiliza mecanismos que realizam seu *turnover* (com o sentido de *rotatividade*) e é realizado quando é preciso reduzir ou cessar a produção da proteína correspondente. É o que acontece aos RNAs m após terem sido suficientemente traduzidos ou, ainda, como resposta a uma situação de estresse. O *turnover* é, portanto, uma forma de regulação da disponibilidade da proteína pela regulação da presença do RNA m para tradução. Além de turnover, usam-se os nomes *estabilidade* ou *degradação* para fazer referência a essa área de controle.

A variação da estabilidade do RNA m permite sua degradação em grau maior ou menor, em diferentes momentos, causando uma renovação do *proteoma*, isto é, do conjunto de proteínas da célula. Em todos os organismos, o RNA m dispõe de mecanismos que regulam sua estabilidade de forma individual. Já foram caracterizadas centenas desses mecanismos que, ao causar modificações no RNA m, afetam sua estabilidade, afetando, consequentemente, processos celulares e biológicos. Vamos conhecer um pouco sobre a forma de atuar de alguns deles.

11.2 As taxas de degradação do RNA m normal

A ideia de que existe um *turnover* do RNA m resultou da observação de que, na célula, a taxa de produção do RNA m não correlaciona diretamente com a quantidade da proteína pela qual esse RNA m é responsável. Isso levou à conclusão de que a quantidade de RNA m normal, disponível na célula para tradução, é controlada por um balanço entre suas taxas de síntese e degradação.

Denomina-se *meia-vida* ou *tempo de semidesintegração* ao intervalo de tempo necessário para que a quantidade inicial de um produto seja reduzida à metade. Ela fornece uma medida da taxa de degradação. Em muitos casos, os níveis de RNA m são determinados mais por suas meias-vidas do que pelas suas taxas de síntese. Em outras palavras, seus níveis podem flutuar sem modificação palpável da transcrição.

Assim como as taxas e o tempo de transcrição dos RNAs m são controlados por um conjunto altamente complexo de mecanismos, existem também mecanismos de regulação que exercem um controle preciso sobre a taxa e o tempo de sua degradação. Esses mecanismos envolvem, basicamente: (1) o reconhecimento de elementos da sequência nucleotídica do RNA m-alvo, isto é, elementos ou "motivos" em sua estrutura e (2) a ligação de proteínas específicas (*RNA binding proteins* =RBPs) a esses motivos do RNA m. No processo podem atuar, ainda, RNAs não codificadores (ncRNA). A interação desses fatores recruta as enzimas de degradação para seus alvos, de forma específica, impedindo o *turnover* desordenado dos RNAs m.

Em resumo, o ajuste das taxas de degradação do RNA m, somado aos mecanismos de regulação que atuam nos níveis da transcrição e da tradução, determina o controle da expressão gênica, de uma forma que é, ao mesmo tempo, precisa e flexível, garantindo a presença de proteínas em quantidade adequada ao desempenho funcional normal da célula.

Nos eucariotos, a meia-vida dos diversos RNAs m difere acentuadamente. Alguma conservação nos valores das taxas de degradação de transcritos específicos tem sido observada em espécies animais. Também mostram conservação grupos de transcritos de genes que codificam proteínas atuantes em uma mesma função celular. Esses transcritos mostram estabilidade na duração da meia-vida, podem ser degradados de forma coordenada e constituem os denominados *regulons para degradação do RNA m (mRNA decay regulons).* O conceito de *regulon* surgiu da observação de que existem RNAs m que são co-regulados por proteínas que se ligam a sequências específicas da sua estrutura. Essa interação entre proteínas de ligação e sequências de nucleotídeos comanda muitas atividades celulares. A partir dessas observações, criou-se o modelo segundo o qual os RNAs m que codificam proteínas, funcionalmente relacionadas, são coordenados durante o crescimento e a diferenciação celular, de modo que atuam como *RNA operons* ou *regulons* através de um mecanismo que utiliza ribonucleoproteínas. Basicamente, o nível de estabilidade do RNA m está ligado à sua sequência nucleotídica e à função da proteína que ele codifica.

Geralmente, genes que codificam proteínas reguladoras ou enzimas que mediam respostas celulares sujeitas a mudanças rápidas do meio ambiente produzem RNAs m de degradação também rápida. Essa situação ocorre, particularmente, com RNAs m de proto-oncogenes, citoquinas e fatores de transcrição. Um exemplo é o gene *c-fos,* que codifica um fator de transcrição. Esse gene é classificado como proto-oncogene, nome dado aos genes que codificam proteínas envolvidas na regulação da reprodução da célula e sua diferenciação. A disfunção desses genes pode levar as células a um grau de divisão acima do normal, desencadeando o câncer, situação já mencionada no início deste capítulo. Seu RNA m tem meia-vida de 10 a 15 minutos. Já, os RNAs m dos genes de expressão constitutiva, isto é, os que se expressam continuamente e são conhecidos como genes *housekeeping*, têm viabilidade longa, como é o caso do gene da β-globina, nas células eritroides, cujo produto está envolvido na formação da molécula de hemoglobina e cujo RNA m apresenta meia-vida superior a 24 horas.

Há genes cujo RNA m tem taxa de degradação variável, dependendo das condições do meio. É o que ocorre com os genes para vitelogenina, tubulina, histona e receptores celulares. No anfíbio *Xenopus laevis,* o RNA m do gene para a *vitelogenina,* que é produzida no fígado, quando na presença do hormônio *estrógeno* apresenta um número de cópias 50 vezes maior do que na sua ausência (passa de 1.000 para 50.000 cópias, por célula!). A meia-vida também difere nas duas situações, isto é, na ausência ou presença do estrógeno. Na primeira é de, aproximadamente, 16 horas e, na segunda, 500 horas. As vitelogeninas são as principais proteínas envolvidas no processo da vitelogênese, através do qual as reservas nutritivas são progressivamente armazenadas, nos ovócitos de animais ovíparos, visando a dar condições para o desenvolvimento do embrião. Nesse caso, portanto, a presença do estrógeno estimula o aumento, tanto da taxa de transcrição, como da estabilidade do RNA m.

Outro exemplo refere-se às histonas H2A, H2B, H3, H4 e H1 que fazem parte da estrutura da cromatina e cuja transcrição em eucariotos atinge o mais alto nível na fase S do ciclo celular, quando ocorre também a síntese do DNA. As histonas mencionadas participam da organização estrutural da cromatina associando-se ao DNA para formar os *nucleossomos*. Essa interdependência entre síntese do DNA e das histonas permite uma rápida organização da cromatina, incluindo o DNA recém-produzido. Entre o início e o fim da fase S, há na célula uma variação entre 30 e 50 vezes a quantidade de RNA m das histonas e essa variação é devida ao aumento da sua taxa de transcrição e da estabilidade. A meia-vida das histonas durante a fase S é de 15 a 30 minutos e depois cai para 10 a 15.

11.3 Enzimas que atuam na degradação do RNA m normal

Há três classes principais de ribonucleases (RNases) envolvidas na degradação do RNA: (1) as exonucleases 5', que hidrolisam (cortam) o RNA na direção da extremidade 5'para a 3'; (2) as exonucleases 3' que o cortam da extremidade 3' para a 5'; e (3) as endonucleases, que cortam o RNA internamente. Há várias RNases capazes de reconhecer os mesmos RNAs-alvo, o que é entendido como demonstração da eficiência dos processos de degradação; se uma enzima falha, outra atua. E há, também, provavelmente, outras enzimas envolvidas no *turnover* do RNA m.

11.4 A estrutura do RNA m normal e sua degradação

Os RNAs r e os RNAs t são bastante estáveis, mas os RNAs m, em geral, depois de serem traduzidos suficientemente, são degradados. Vejamos como a estrutura do RNA m normal afeta sua estabilidade.

Duas estruturas do RNA m são fundamentais no controle da sua degradação: a *cauda poli (A)*, na extremidade 3' e o *quepe*, na extremidade 5'. Em capítulo anterior, vimos que ambas são adicionadas à molécula do pré-RNA m no seu *processamento*, isto é, na passagem do RNA imaturo para o funcional, e atuam na proteção da molécula contra a degradação pelas RNases. A finalização do processo de degradação do RNA m só é possível após a eliminação dessas duas estruturas.

A via de degradação do RNA m, predominante em eucariotos, parece ser a 5'>3'que é iniciada pela desadenilação, isto é, pela eliminação da cauda poli(A). Em seguida à desadenilação, deve ocorrer o desquepe.

Enquanto uma determinada proteína for necessária para o desempenho da atividade celular, seu RNA m permanece "montado" no citoplasma para realizar a tradução, isto é, permanece ligado aos ribossomos, aos fatores de iniciação da tradução (eIFs=*eucariotic iniciation factors*) e às proteínas de ligação à cauda poli(A) (PABPs=*poli(A) binding proteins*).

As PABPS, enquanto estão ligadas à cauda de poli(A), bloqueiam a desadenilação, isto é, impedem a atuação das desadenilases que são exonucleases especializadas para desdobrar a cauda poli (A) e que, reiteramos, é o primeiro passo para a degradação da molécula de RNA m.

As PABPs são proteínas multifuncionais. Além do controle da degradação, atuam em outras atividades celulares associadas ao metabolismo dos RNAs m, incluindo o processamento e o transporte núcleo-citoplasmático. Sua ação em relação ao próprio *turnover* é complexa, uma vez que podem não só impedir, mas também estimular a remoção da cauda, dependendo do complexo de desadenilação que é recrutado.

Com relação ao *quepe*, que também deve ser desmontado para que ocorra a degradação da proteína, ele é protegido pelos fatores de tradução cuja ligação, enquanto permanece, bloqueia as enzimas do desquepe. Estas só vão atuar após a desadenilação.

11.4.1 Via de degradação dependente da desadenilação

A via de degradação dependente da desadenilação (*deadenylation dependent patway*), claramente recebe essa denominação porque o desquepe, que complementa o processo, só ocorre após a remoção da cauda poli (A). A desadenilação ocorre em taxas específicas para diferentes RNAs m, assim definindo um tempo de vida para cada um. Ela ocorre, por encurtamento, a partir da extremidade 3'. Esse encurtamento é realizado pelas enzimas *desadenilases*, que atuam quando são acionadas pela interação entre sequências reguladoras presentes no RNA m a ser degradado (*motivos*) e proteínas (PABPs) que se ligam a essas sequências.

O comprimento da cauda poli (A) varia com o organismo, mas nela podem estar presentes até entre 200 e 250 resíduos de adenosina associados a PABPs. O limite para o comprimento da cauda parece ser determinado por proteínas ligadas ao RNA m, durante a poliadenilação. O conjunto de desadenilases envolvidas na degradação do RNA m também varia com o organismo e com a via estabelecida para essa degradação.

Entre as várias desadenilases, presentemente conhecidas, o complexo PAN2-PAN3, formado pela interação dessas duas exonucleases, e o complexo Ccr4-NOT, formado por 10 subunidades, são atuantes no processo. A desadenilação parece ocorrer em duas etapas, sendo uma catalisada pelo complexo PAN2-PAN3, pelo qual a cauda é encurtada para cerca de 80 resíduos e outra etapa catalisada pelo complexo Ccr4-NOT, que encurta a cauda até entre 10 e 15 resíduos. Esses encurtamentos transformam os RNAs m em moléculas *oligoadeniladas*. O prefixo *óligos*, de origem grega, significa poucos, portanto, as moléculas oligoadeniladas são moléculas que apresentam poucos resíduos de adeninas. Outra desadenilase, a PARN, está envolvida na desadenilação de RNAs m específicos. Em todos os eucariotos, já estudados, o complexo Ccr4-NOT tem se mostrado a principal desadenilase.

Após atingir o comprimento de 10 a 15 nt, a degradação do RNA m prossegue, catalisada por uma das duas vias: 3´>5' ou 5´>3´. Na via 5'>3', o oligoadenilado sofre desquepe e em seguida é degradado por enzimas exonucleolíticas específicas, enquanto na via 3'>5', o RNA m oligoadenilado é degradado pela "maquinaria" de um complexo denominado *exossomo*.

A Figura 11.1 sintetiza os passos básicos que levam à degradação ou *turnover* do RNA m, abrangendo a desadenilação, o desquepe e as etapas finais do processo.

Figura 11.1. Esquema mostrando a sequência de eventos que levam à degradação do RNA m nas duas vias, 5' > 3' e 3'> 5'. Até o final da desadenilação, que ocorre sob a ação das desadenilases PAN2-PAN3 e Ccr4-NOT ambos os processos são iguais. Após a desadenilação, na via 5'>3', ocorre o desquepe pelas enzimas Dcp1 e Dcp2 e depois a degradação do RNA, mediada por ação das ribonucleases 5' Xrn1. Na via 3'>5', após a desadenilação, ocorre a degradação pelo complexo exossômico que reduz o RNA m a pedaços de 10 nucleotídeos. A estrutura residual do quepe, após digestão pelo exossomo, é clivada pelas enzimas do desquepe, DcpS. Nesse esquema, as enzimas ou complexos enzimáticos que atuam nos diferentes passos da degradação estão contornados por retângulos.

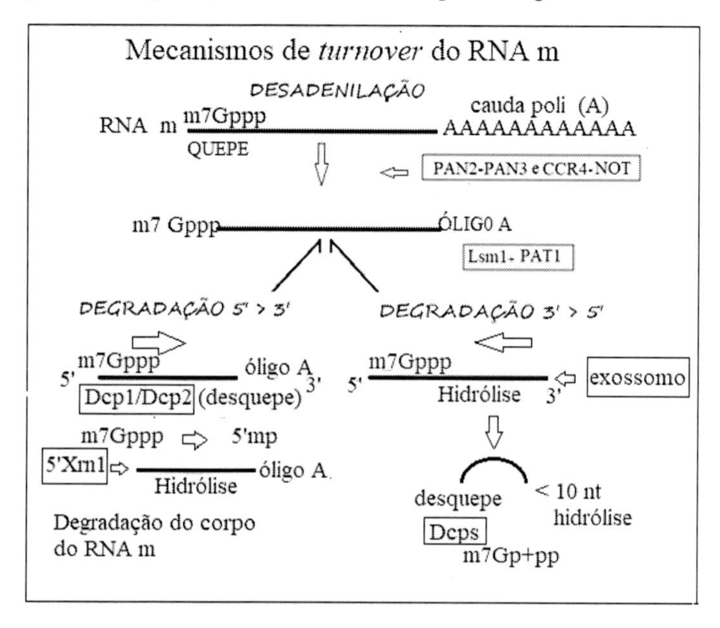

11.4.2 O desquepe na via dependente da desadenilação (5'>3')

Reiterando, o desquepe é inibido pelas proteínas PABPs que estão ligadas na extremidade 3' do RNA m e não permitem a desadenilação. É também inibido pelos componentes do complexo de iniciação da tradução, a ele associados. O desquepe é ativado, entre outras possibilidades, pelo complexo formado de sete proteínas Sm-like (Lsm1 a Lsm7) e a proteína PAT1. Esse complexo, que se localiza no citoplasma, só tem afinidade pela extremidade 3'do RNA m quando a cauda já está oligoadenilada, sendo a proteína PAT1 a responsável por esse reconhecimento. Análise *in vivo* mostrou que na via 5'>3', a ligação do complexo Lsm1-7/PAT1 à extremidade 3' é necessária para que ocorra o desquepe, essencial para continuidade da degradação, em níveis normais.

Assim, a hidrólise do quepe, que é realizada pelo complexo enzimático Dcp1-Dcp2 e é necessária para a completude do *turnover* da molécula de RNA m, depende de a desadenilação estar quase completa. A desadenilação da cauda poli (A) desestabiliza o complexo de ligação do quepe que é, então, hidrolisado a m7GDP e depois a 5´monofosfato. Após o desquepe, a exorribonuclease 5'>3' (Xrn1), que atua nessa direção, degrada o restante do RNA por hidrólise.

O complexo enzimático Dcp2-Dcp1, responsável pelo desquepe, pode ser influenciado por muitos fatores, de forma positiva ou negativa, isto é, o quepe pode ser protegido ao invés de degradado, mostrando o uso econômico de uma via para resultados opostos. Da mesma forma, o complexo Lsm1-7-Pat1 ao invés de degradar a cauda de poli (A), também pode protegê-la.

Em síntese, a via de degradação 5' para 3'começa pela ligação do complexo Lsm1-7 à cauda de oligoadenilato. Essa ligação ativa o desquepe pelo complexo DCP1-DCP2. Em seguida, a exorribonuclease que atua na direção 5' para 3' (Xrn1) hidroliza o restante do RNA.

11.4.3 Degradação do RNA m na via 3'>5'

A via de degradação 3' para 5' é iniciada por um "aparelho" formado por grande complexo proteico, denominado *exossomo* que se liga à extremidade 3' e hidrolisa o RNA m nessa direção, restando, no final, apenas um ribonucleotídeo ligado ao quepe. Este é, então, removido pela enzima de desquepe (DcpS).

A estrutura dos exossomos será descrita no próximo capítulo, porque eles degradam não só os RNAs m normais, pelo *turnover*, mas degradam também moléculas de RNA m anormais, marcadas no processo denominado supervisão (*surveillance*, em inglês), que será o assunto do próximo capítulo.

11.5 Sequências nucleotídicas que influenciam a degradação do RNA m

11.5.1 Elementos desestabilizadores na estrutura do RNA m: AREs e GREs

A cauda de poli (A) do RNA m é um alvo importante da regulação da expressão gênica. Ela contém várias estruturas, isto é, diferentes elementos ou motivos, os quais permitem aos RNAs m dispor de mecanismos que causam ampla variação da estabilidade, em resposta às demandas celulares. Esses mecanismos controlam a estabilidade dos RNAs m, geralmente atuando sobre sequências nucleotídicas específicas, de modo a estimular ou inibir sua degradação. As sequências ARES (*AU-rich elements*), ricas em adenina e uracila, e as sequências GREs (*G-U rich elements*), ricas em guanina e uracila, são dois exemplos dessas sequências ou elementos que ocorrem nas células de vertebrados. Geralmente essas sequências estão presentes na região UTR3' de RNAs m de degradação rápida e, assim, são encontrados em transcritos de proto-oncogenes, nas citoquinas e nos fatores de transcrição, já mencionados neste texto como sendo lábeis, isto é, portadores de meia-vida curta.

11.5.2 Caudas mistas de nucleotídeos e seu efeito na estabilidade do RNA m

Em vários organismos como homem, camundongo, rã e peixe, foram encontrados RNAs m cujas caudas não são formadas apenas pelo nucleotídeo adenina, isto é, não são poli (A). Esses RNAs m portadores de caudas mistas, mais frequentemente apresentam nucleotídeos *guanina* que são adicionados a elas pela enzima nucleotidiltransferase (TENT4A/B0), ainda quando a cauda poli (A) está sendo formada. A adição dos nucleotídeos G pode ocorrer de forma espaçada, mas predomina sua localização no fim da cauda ou próximo da última posição. A explicação predominante para essa posição dos nucleotídeos G é que ela protege o RNA m da degradação por um tempo maior. Isso é devido às enzimas que cortam as caudas de poli (A), na sua degradação, pararem por um tempo maior quando encontram um nucleotídeo G do que quando encontram um A, no fim da cauda. Portanto, a adição de um G pode tornar o corte da cauda mais lento, consequentemente permitindo que o RNA m correspondente possa ser transcrito por mais tempo.

11.5.3 O grau de otimização dos códons e o turnover do RNA m

Outra observação que indica a existência de uma estreita relação entre os processos de degradação e tradução do RNA m refere-se ao achado de que a composição de nucleotídeos dos códons do transcrito, isto é, sua sequência codificadora, interfere na duração de sua meia-vida. Os RNAs m cujos códons são descodificados ("lidos") e traduzidos, mais rapidamente, são considerados ótimos códons e têm meia-vida mais longa. Os RNAs compostos de códons que têm tradução mais lenta são considerados sub-ótimos e sua estabilidade é significativamente menor. Essa é uma situação em que há variação da estabilidade do RNA m sem envolvimento de mudanças reguladoras ou elementos externos à ORF (*Open Reading Frame*), onde estão os códons. Em levedura, foi encontrada variação de entre alguns minutos e uma hora na meia-vida de RNAs m, com base apenas no grau de otimidade (ou otimização) dos códons. A otimidade do códon, que reflete na meia-vida do RNA m, representa, também, uma medida da eficiência da tradução. A proporção de códons ótimos e não ótimos faz o controle fino da estabilidade do RNA m em um processo associado à tradução.

11.6 Processos epigenéticos no *turnover* do RNA m

Modernas técnicas permitiram conhecer novos sistemas de controle da estabilidade do RNA m. Mais recentemente, dois aspectos da biologia do RNA foram associados à regulação do *turnover* do RNA m: (1) a modificação do RNA m por N6-methyladenosine (N^6-metiladenosina= m^6A) e (2) a uridinação.

Os dois processos estão incluídos entre as modificações denominadas epigenéticas, assunto que está apresentado com mais detalhes no Capítulo 17. As modificações *Epigenéticas* alteram o funcionamento do DNA e do RNA sem alterar a composição de nucleotídeos como ocorre na Genética. Isso justifica o emprego para elas, do prefixo *epi*, que significa *sobre*. Aqui mencionaremos apenas os processos epigenéticos que afetam a estabilidade do RNA m.

11.6.1 A modificação do RNA m por N^6-methyladenosina (m^6A)

A m6A é uma modificação pós-transcricional que, como indica seu nome, decorre de um processo de metilação da adenosina (adenosina é adenina ligada a uma ribose), componente da sequência nucleotídica do RNA m. Essa modificação é realizada pelas enzimas do complexo metil-transferase (MTC) denominadas *escritoras* da metilação m6A (*writers*, em inglês), é reconhecida por proteínas denominadas *leitoras* (*readers*) e pode ser revertida pelas *desmetilases* que, portanto, atuam como *apagadores* (*erases*) da mesma. A m6a leva à degradação (*turnover*) os RNAs m em que ocorre.

A m6A é a modificação de nucleotídeos do RNA m mais abundante nos eucariotos, tendo sido detectada em milhares de sítios no RNA m de mamíferos. Esse processo afeta a estabilidade e também outros aspectos fundamentais do metabolismo do RNA m, como o *splicing*, a tradução e a exportação. O impacto da m6A, especialmente na estabilidade, é de descoberta recente e ainda demanda muitas informações. Essa modificação se localiza, predominantemente, nos éxons longos, ficando próxima do *stop* códon e nas UTRs 3'. Duas desmetilases que atuam na modificação m6a são FTO, que é uma proteína associada à obesidade, e seu homólogo ALKBH5. Ambas revertem essa modificação no RNA nuclear.

A modificação m6A influencia a taxa de *turnover* do RNA m com a ajuda da família de proteínas YTHDF2. As proteínas YTHDF2 intermediam a degradação dos RNAs m-m6A desestabilizando-os por meio do recrutamento direto do complexo desadenilase CCR4-NOT. A localização preferencial da m6A na extremidade UTR3' do RNA m é mais uma forma de controle da degradação presente na região UTR 3', reiterando a visão, dessa região, como um local prioritário para instalação de elementos cis--reguladores (Figura 11.2).

Figura 11.2. Esquema do mecanismo básico de degradação do RNA m-m6a (RNA m portador da modificação m6A na região UTR 3'). A região afetada por esse processo é reconhecida pelas proteínas DF1, DF2 e DF3, da família YTHDF, que a elas se ligam especificamente (1). Essas proteínas recrutam o complexo enzimático desadenilase CCR4-NOT (2) que leva os RNAs m portadores de m6A à degradação pelas vias normais 5'>3' ou 3'>5' (3).

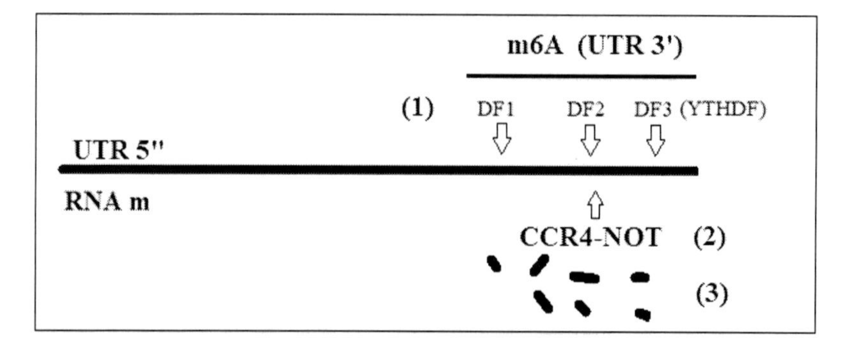

11.6.2 Uridinação: outra modificação epigenética na estabilidade do RNA m

A *uridinação* é considerada, no presente, como um elemento-chave no controle da estabilidade do RNA m. A uridinação, que é também uma modificação epigenética, marca o RNA m para degradação. A uridinação "*untemplated*" (sem modelagem, isto é, sem a presença de uma sequência genômica correspondente para servir de molde) ocorre na extremidade 3' do RNA, catalisada pelas enzimas TUTases (*terminal uridylation transferases*). É uma modificação pós-transcricional da qual resulta a adição de uma ou mais uridinas.

A *uridinação* atua em vários processos biológicos, entre os quais, promove o *turnover* de muitos RNAs m poliadenilados e dos RNAs m das histonas que não têm cauda de poli (A). Embora a uridinação seja mais conhecida por sua atuação na degradação do RNA m, ela é também um regulador-chave de outras espécies de RNA, em suas funções de estabilidade e maturação.

Em células de mamíferos há três TUTases (TUT 1, TUT4 e TUT7), também denominadas poly(U) polimerases, responsáveis por toda a uridinação da extremidade 3' do RNA. A perda dessas enzimas causa o aumento da meia-vida dos transcritos. Nas células de Hela (uma cultura de células humanas em laboratório) foram observados mais de 600 genes que tiveram seu nível de atividade aumentado quando ocorreu a perda das Tutases.

Após a uridinação UTR3', ocorre o desquepe via associação do complexo Lsm1-7/Pat1 e a degradação 3' >5', iniciada pelo *exossomo*. Posteriormente, os sinais de oligouridinação recrutam a exoribonuclease Dis3L2 (*DIS3-like exoribonuclease 2*) que atua na direção 5' >3', seguindo-se a degradação da cauda, dependente da uridinação.

11.7 Respostas patológicas a problemas do turnover

No decorrer deste texto, foram mencionados problemas de saúde decorrentes de anomalias dos processos de degradação do RNA m normal. Diferentes causas que perturbem o metabolismo normal do RNA m, incluindo impacto sobre *splicing*, transporte e estabilidade, têm sido reconhecidas, de forma crescente, como promotoras de doenças. No caso da estabilidade, por exemplo, as doenças neurológicas esclerose amiotrófica lateral (ELA) e demência fronto-temporal (FTD) têm sido atribuídas à redução de componentes mitocondriais, que tem como consequência a síntese aumentada da proteína TDP-43. Esta se depositaria nas células nervosas causando instabilidade do RNA m-alvo, em ambas as doenças, o que, finalmente, levaria a célula à morte. O *turnover* do RNA m também impacta o envelhecimento e doenças relacionadas com essa etapa da vida.

A uridinação RNA 3' tem sido focalizada, com ênfase, no desenvolvimento dos mamíferos, envolvendo tanto a regulação gênica normal como a patológica. Nesta última estão incluídas causa de câncer e da síndrome de Perlman que é caracterizada por gigantismo fetal e muitos outros efeitos deletérios, entre ao quais está a formação de tumores renais. A uridinação também desempenha um papel importante na *apoptose* (processo essencial de eliminação de células supérfluas ou defeituosas), atuando na degradação rápida de RNAs m. Portanto, a desregulação do processo de uridinação pode causar problemas relacionados à expressão e à sobrevivência celular.

Ainda no caso da estabilidade, as consequências patológicas das modificações epigenéticas têm ocupado um lugar de destaque. É o caso das modificações causadas por m6A, que estão sendo ligadas à presença de várias doenças humanas, tendo recebido especial atenção quanto ao seu envolvimento na origem do câncer.

11.8 Comentário

A síntese proteica, que é o processo biológico fundamental realizado pelo DNA, é cercada de inúmeros cuidados produzidos por mecanismos reguladores especiais. Uma proteína produzida em quantidade maior ou menor do que a necessária pode gerar problemas celulares graves, que se refletem na vida dos organismos portadores. A disponibilidade da proteína é decorrente de um balanço entre a taxa de produção de RNA m e a taxa de sua degradação também chamada *turnover ou estabilidade*. Os mecanismos especiais que atuam nesses processos de degradação são descritos neste capítulo. Suas alterações ou inibição estão ligadas a doenças neurológicas, cardiológicas e ao câncer.

11.9 Referências

BORBOLIS, F.; SYNTICHAKI, P. Cytoplasmic mRNAm turnover and ageing. *Mech Ageing Dev.*, v. 152, p. 32-42, 2015. Disponível em: doi: 10.1016/j.mad.2015.09.006. Free Full Text. Acesso em: 18 jan. 2024

CHEN, C.-Y., A.; SHYU, A.-B. Emerging themes in regulation of global mRNA turnover in cis. Trends Biochem Sci., v. 42, n. 1, p. 16-27, 2017. Disponível em: https://doi. org/10.1016/j.tibs.2016.08.014. Acesso em: 18 jan. 2024.

HORVATHOVA, I.; VOIGT, F.; KOTRYS, A. V. *et al.* The dynamics of mRNA turnover revealed by single-molecule imaging in single cells. *Technology*, v. 68, p. 615-625, 2017. Disponível em: https://doi.org/ 10. 1016 /j.molcel.2017.09.030. Acesso em: 18 jan. 2024.

LABNO, A.; TOMECKI, R.; DZIEMBOWSKI, A. Cytoplasmic RNA decay pathways - Enzymes and mechanisms. Biochimica et Biophysica Acta (BBA), *Molecular Cell Research*, v. 1863, n. 12, p. 3125-3147, 2016. Disponível em: https://doi.org/10.1016/j.bbamcr.2016.09.023. Acesso em: 16 ago. 2023.

OTSUKA, H.; FUKAO, A.; FUNAKAMI, Y. *et al.* Emerging Evidence of Translational Control by AU-Rich Element-Binding Proteins. *Front. Genet.*, v. 10, 2019. Disponível em: https://doi. /10.3389/fgene.2019.00332. Acesso em: 16 ago. 2023.

SUNG, H.-B.; KIM, Y.-K. The emerging role of RNA modifications in the regulation of mRNA stability. Exp Mol Med., v. 52, n. 3, p. 400-408, 2020. Disponível em: doi: 10.1038/s12276-020-0407-z. Acesso em: 16 ago. 2023.

Capítulo 12

SUPERVISÃO OU SURVEILLANCE: DEGRADAÇÃO DE RNAs m ANORMAIS ("DE OLHO" NO RNA m PARA PRESERVAR O PROTEOMA)

12.1 Introdução

Vimos que, antes da tradução, que produz a proteína no citoplasma da célula, o RNA m passa, no núcleo, por várias etapas, incluindo a transcrição, as alterações que ocorrem no processamento e o transporte. Nas diferentes etapas há riscos de erros que podem tornar esse RNA incapaz de gerar proteína normal. Mas, no decorrer do processo evolutivo, desenvolveram-se sistemas os quais visam a impedir que essas proteínas indesejáveis sejam produzidas.

Denomina-se *surveillance* (supervisão ou controle de qualidade) as vias de degradação que atuam na eliminação de RNAs m anormais, antes que originem proteínas não funcionais ou com função modificada. A detecção dessas anomalias é feita por ribossomos que percorrem as ORFs (*Open Reading Frames*), isto é, as regiões codificadoras dos RNAs m. Caso RNAs m anormais sejam encontrados, eles são "etiquetados", para reconhecimento e destruição.

Nos eucariontes, três mecanismos são responsáveis pela destruição de RNAs m que poderiam produzir proteínas potencialmente danosas:

1. *Nonsense-Mediated mRNA decay* (NMD), que detecta e degrada transcritos que contêm *códons de terminação prematuros* (*Premature-Termination Codon* = PTCs);
2. *Nonstop Mediated mRNA decay* (NSD), que detecta e degrada transcritos que não possuem códons de terminação; e
3. *No-Go mRNA Decay* (NGD), que detecta e degrada os produtos de transcrição que apresentam modificações impeditivas do alongamento normal da tradução, isto é, impeditivas da "viagem" normal do ribossomo ao longo do RNA m para traduzi-lo.

Como, de modo geral, ocorre com os mecanismos de regulação da expressão gênica, os mecanismos de *surveillance* ainda requerem muito estudo, conforme reconhecem os autores da área.

12.2 Mecanismo NMD de degradação do RNA m

A via NMD (*Nonsense-Mediated mRNA decay*) é um mecanismo de vigilância conservado em células de eucariotos, isto é, está amplamente presente nesses organismos. É o mecanismo de degradação mais bem conhecido. Ao degradar um RNA m dotado de um códon de terminação prematuro (PTC), o mecanismo NMD impede que seja produzida uma proteína incompleta (Figura 12. 1).

Figura 12.1 Esquema da degradação do RNA m via NMD. RNAs m: (1) RNA m dotado de terminação ou stop normal; (2). RNA m dotado de terminação ou stop prematuro (PTC). A tradução do RNA m (2) produziria uma proteína deficiente da tradução da região que vai desde o PTC até a terminação (*stop*) normal. A presença dessa terminação precoce no RNA m, detectada pelo ribossomo, aciona o mecanismo NMD, que degrada esse RNA anormal, impedindo que sejam geradas cópias incompletas da proteína.

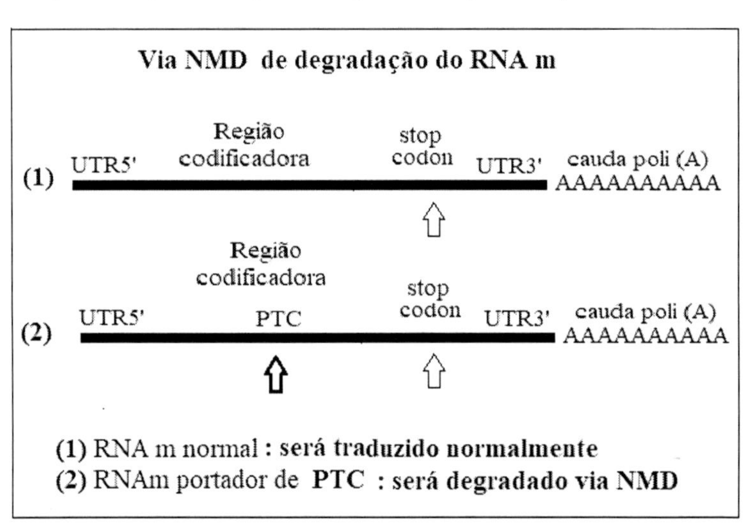

O stop códon prematuro é também denominado *códon sem sentido* (*nonsense codon*). A presença desse tipo de códon pode ter diferentes origens, como mutação no DNA, erros na transcrição e íntrons anormalmente retidos no *splicing*, entre outras.

O "ponto-chave" na ação desse mecanismo é saber como distinguir entre RNAs m portadores de PTC e RNAs m normais. Existe um "sinal", localizado à jusante de um PTC, que é determinante para reconhecer a presença dessa anomalia. Nos mamíferos, esse sinal é denominado *Exon-exon Junction Complex* (EJC)= *complexo de junção éxon-éxon.* Esse sinal se associa ao pré-RNA m na fase de *splicing,* quando os spliceossomos removem os íntrons e os éxons são ligados. Trata-se de um conjunto de proteínas que, no *splicing,* é colocado na posição 20 a 24 nt à jusante do sítio de remoção de cada íntron.

A atuação desse mecanismo ocorre da seguinte forma: normalmente, na primeira "viagem", realizada para tradução de um RNA m, o ribossomo percorre o filamento e retira os complexos EJC, à medida que vai passando e os encontrando. Nos RNAs m normais, nos quais os códons de parada da tradução (PTCs) estão no éxon final ou próximo dele, todos os EJCs são retirados. Porém, nos RNAs m portadores de PT precoce, o complexo EJC, que fica localizado à jusante dele, não é removido do transcrito, porque o ribossomo "estaciona" no local, antes de chegar até ele. Permanece, assim, a "marca" que permite o reconhecimento, para degradação, desse RNA m anormal, pelo sistema NMD.

A capacidade de um PTC causar a degradação do RNA m, em vertebrados, depende da localização do EJC em relação à última junção éxon-éxon ou códon de parada. Isso significa que a presença de um PTC não conduz obrigatoriamente o RNA m portador à degradação NMD. Essa "decisão" entre degradar ou não está ligada ao tamanho do trecho que seria faltante caso o RNA m fosse traduzido, e é conhecida como *regra dos 50 nt.* Nesse caso, se o EJC estiver localizado a uma distância maior que próximo de 50 nt (para diferente publicações, distâncias variáveis, como 50 a 54 ou 55), à montante da última junção éxon-éxon do RNA m, este poderá ser enviado para degradação pela via NMD. Se o EJC estiver localizado à jusante dessa região, o RNA m será traduzido normalmente.

A "máquina" que realiza o mecanismo NMD é um complexo de numerosas proteínas, sendo essenciais os fatores eRF1 e eRF3 (*release factors*=fatores de liberação), ligados ao ribossomo, e mais três elementos *trans-acting,* Upf1, Upf2 e Upf3 (*Upf = up-frameshift*). Esses cinco elementos fazem parte do *core* central do processo e são conservados nos eucariotos. Os eRFs são fatores que se ligam normalmente ao ribossomo, entrando no seu sítio A quando esse ribossomo se coloca sobre o códon de terminação da tradução e, assim, participam da liberação do polipeptídio pronto.

O fator-chave do mecanismo NMD, em todos os eucariotos é a enzima Upf1ou UPF1, uma *helicase* que tem um *domínio* de ligação ao ATP e a capacidade de deslocar-se lentamente sobre os ácidos nucleicos, desenovelando estruturas de duplo filamento. No processo NMD, essa helicase é fosforilada e essa fosforilação, que é catalisada pela quinase SMG1, está envolvida na sua atividade. Interações entre essas proteínas, e outras, levam à formação do *complexo de surveillance* que forma uma "ponte" multiproteica entre o PTC e o EJC, e que, em última análise, é responsável pela degradação rápida do *RNAm-NMD,* também denominado *RNAm sem sentido* (Figura 12.2).

Figura 12.2. Esquema do mecanismo de degradação do RNA m via NMD. Neste mecanismo, o ribossomo percorre o filamento de RNA m e estaciona ao encontrar o PTC (sinal de parada prematuro). Estabelece-se agora uma interação entre fatores de tradução presentes no ribossomo (eRF1 e eRF3) e proteínas localizadas no EJC (UPF1, UPF2, UPF3, SMG1). Essa interação gera uma ponte proteica entre o PTC e o EJC, que é essencial para dar início à degradação do RNA anormal. UPF1 faz essa ponte.

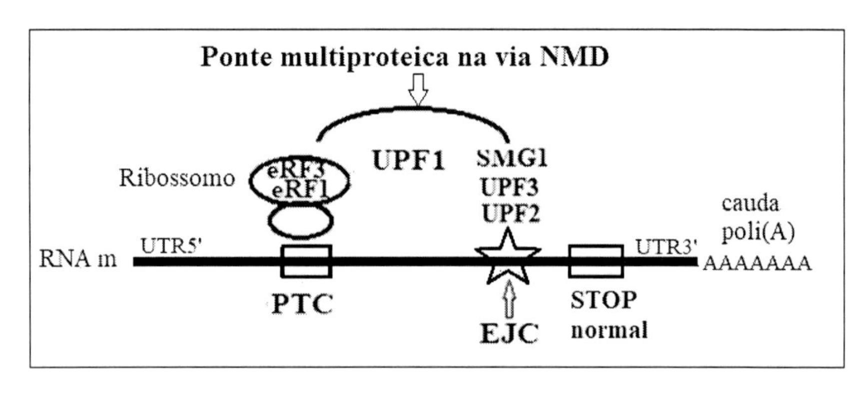

Nas células humanas, após ser verificada a presença do PTC, esses RNAs m marcados para a via NMD são degradados e isso ocorre por diferentes mecanismos: por *clivagem endonucleolítica* (enzimas que degradam estruturas internas dos ácidos nucleicos), por *desquepe dependente da desadenilação* na direção 5'>3' e pela *ação dos exossomos* na direção 3'>5'. Esses processos de degradação são catalisados pelas mesmas atividades enzimáticas que são responsáveis pela regulação da quantidade (*turnover*) de RNAs m normais na célula, incluindo nossas já conhecidas Xrn1, CCR4-Not, e Dcp2, do capítulo anterior. Todo o processo, nos seus detalhes, envolve atividades enzimáticas complexas, incluindo as enzimas mencionadas e outras cuja descrição pode ser acessada na bibliografia.

É interessante que a via NMD de degradação dos RNA m anormais pela presença de stop códon prematuro é também utilizada para degradar RNAs m aparentemente normais que produzem proteína normal. Calcula-se que cerca de 10% dos RNAs m considerados normais, das células de mamíferos, tenham seus níveis regulados pelo mecanismo NMD. Neste caso, o mecanismo NMD é utilizado após a ação do processo denominado RUST (*Regulated Unproductive Splicing and Translation*). O RUST atua no *splicing* induzindo a produção de RNAs m dotados de *stop* códon prematuro que são, então, reconhecidos e degradados via NMD. Assim, quando os níveis de uma proteína normal crescem acima do desejado, a própria proteína liga-se ao pré-RNA e induz a formação de PTCs que são reconhecidos pela via NMD. O Pré-RNA é, então, degradado por essa mesma via para controlar o nível de sua disponibilidade. Incrível, não é?

12.3 Mecanismo NSD de degradação do RNA m

O mecanismo de degradação NSD (*NonStop Mediated mRNA decay*) atua sobre RNAs m nos quais não há *stop* códon (códon de terminação). Nesse caso, na tradução, o ribossomo percorre o filamento de RNA até ultrapassar a região UTR3', também percorre a região de poli (A) e estaciona. Isso causa a dissociação de PABPs (poli (A) *binding proteins*) resultando na degradação do *RNAm-NSD*. Já mencionamos, em capítulo anterior, que as PABPs, quando presentes, colaboram na preservação da integridade da molécula de RNA m.

Nesse processo, a proteína Ski7, que é uma proteína de ligação à GTP, associa-se ao ribossomo estacionado, liberando o transcrito e, assim, facilitando a degradação 3'>5', mediada pelo exossomo. O domínio C terminal de Ski7 reconhece o sítio "A" desocupado do ribossomo quando este chega à extremidade 3'. Ski7 então atrai Ski2, Ski3 e Ski8 para seu domínio N-terminal. O exossomo agora é recrutado para a extremidade 3' do RNA m e começa sua degradação a partir da cauda poli(A), mais vulnerável sem as PABPs.

A degradação pela enzima Xrn pode também ser utilizada no mecanismo NSD, mas sua eficiência é menor. É utilizada na ausência de Ski7 (Figura 12.3).

Além de degradar moléculas de RNA m sem *stop* códon, o mecanismo NSD facilita a liberação do ribossomo, disponibilizando-o para atuar na tradução normal.

Figura 12.3. Esquema do mecanismo de degradação NSD. Quando o RNA m não apresenta *stop* códon, o ribossomo (R) percorre todo o filamento e estaciona no final da cauda poli(A). O ribossomo atrai a proteína SKi7 que o libera. As proteínas Ski2, Ski3 e Ski8 são recrutadas pela Ski7. Esse complexo enzimático, por sua vez, faz ponte com o *exossomo* que inicia a degradação do RNA m pela cauda (3'>5'). A via de degradação 5'>3', que utiliza a ribonuclease Xrn1, também pode ser utilizada, mas isso ocorre com menor frequência.

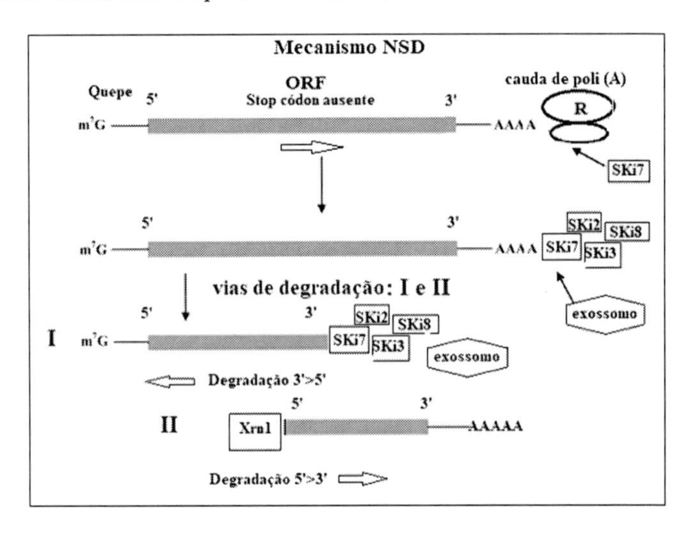

12.4 Mecanismo NGD de degradação do RNA m

O mecanismo de vigilância denominado *No-Go Decay* (NGD) é uma via de controle de qualidade dos RNAs m dos eucariotos que detecta e degrada RNAs m que contêm uma fila de ribossomos "encalhados". Esse encalhe ocorre por bloqueio do avanço normal do ribossomo, no alongamento da tradução, e é devido à presença de modificações impeditivas. Essas modificações são obstáculos estáveis que ocorrem no RNA, como as estruturas decorrentes de interações intermoleculares ou intramoleculares (*hairpin*, por exemplo), ou pela presença de sequências danificadas, quimicamente, e códons raros, entre outras. Esses eventos, que paralisam o ribossomo, afetam o estado de equilíbrio celular (homeostase), porque diminuem a disponibilidade de ribossomos para tradução.

O processo de degradação NGD envolve uma endoribonuclease, a enzima que realiza cortes nas regiões internas do RNA, isto é, fora das extremidades. Ela cliva o RNA m exatamente à montante da sequência de ribossomos parados. Quando isso ocorre, os ribossomos são dissociados em suas subunidades e liberados por ação do complexo formado pelas proteínas Dom34/Hbs1 (Dom34 é a endorribonucleas e Hbs1 é membro da família GTPase, que fornece energia). Esse complexo proteico se associa à subunidade maior (60S) do ribossomo e é reconhecido pelo sistema de controle de qualidade do ribossomo (*Ribosome Quality Control*= RQC). O mecanismo RQC está presente em todos os organismos, nos quais reconhece ribossomos "encalhados" e inicia vias de reciclagem dos mesmos.

Ocorre também uma degradação rápida do peptídio que estava se formando na região do RNA m, anterior à do encalhe dos ribossomos. As proteínas DOM34 e Hbs1 são evolutivamente conservadas e relacionam-se, respectivamente, aos fatores de terminação da tradução eRF1 e eRf3. A ubiquitina ligase Ltn1 (listerina, nos mamíferos), componente do sistema RQC, desempenha uma função importante por marcar esses polipeptídios aberrantes, nascentes, para degradação pelo exossomo ou pela via Xrn1 (Figura 12.4).

Figura 12.4. Esquema da degradação via No-go (NGD) de RNAs m portadores de obstáculo (representado aqui por um retângulo) à passagem dos ribossomos. Nessa situação, o complexo DOM34/HBS1 liga-se à subunidade maior do ribossomo encalhado e atrai o reconhecimento do sistema RQC (controle de qualidade do ribossomo). Este causa o corte do RNAm-NGD na região anterior aos ribossomos encalhados, liberando-os, e também a degradação do transcrito incompleto da região anterior ao encalhe. A degradação ocorre pelo sistema exossomo (direção 3'>5') ou pela enzima Xrn1 (direção5'>3').

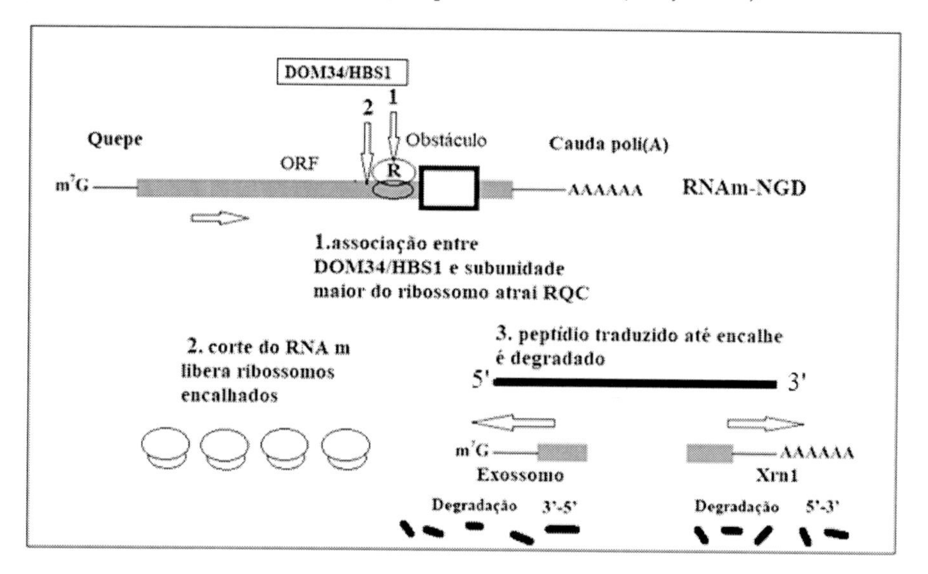

Outro envolvimento do mecanismo NGD refere-se a colisões ribossômicas. Na tradução normal, os ribossomos transitam pelo filamento de RNA m formando conjuntos denominados polirribossomos, distribuídos de forma esparsa. Essa distribuição assegura que raramente ocorram colisões. Contudo eventualmente isso pode acontecer e os estudos têm sugerido que as colisões conduzem o RNA m para o mecanismo NGD. Em bactérias e leveduras, a colisão resulta em +1 *frameshfting* (um deslocamento causado pelo impacto, no segmento de tradução do RNA). Especula-se, assim, que o mecanismo NGD, além de sua função básica no controle de qualidade do RNA m, também atua para prevenir o efeito dos eventos deletérios do deslocamento (*frameshifting*), resultante de colisões.

Os mecanismos de *surveillance* mostram conservação em sua história evolutiva e isso pode ser deduzido a partir da conservação das proteínas-chave que atuam em cada mecanismo: as proteínas eRF estão associadas com NMD, a proteína Ski7 está associada com NSD e o complexo Dom34/Hbs1 está associado com NGD.

12.5 O exossomo

O exossomo que atua na *surveillance* degradando os diferentes tipos de RNA anormais, que age também no *turnover* e no processamento dos precursores do RNA m é um complexo molecular enzimático multifuncional. Sua estrutura básica, em associação com cofatores específicos permite-lhe executar as tarefas mencionadas quer ocorram no núcleo e/ou no citoplasma. Devido à especificidade do exossomo ser determinada pelos cofatores, o sistema tornou-se altamente ajustável às necessidades específicas de diferentes organismos.

Pelas vias de *surveillance*, os exossomos degradam moléculas de RNA m anormais marcadas para esse fim nos três mecanismos NMD, NSD e NGD. Tanto a degradação como o processamento realizados pelo exossomo ocorrem na direção 3'>5'. Ele é essencial para a sobrevivência celular, embora a maioria das células contenha outras exonucleases 3'>5'. Em levedura, todos os genes que compõem o *core* do exossomo mostraram ser essenciais para a viabilidade.

O modelo de estrutura atualmente aceito para o exossomo que realiza a degradação do RNA m dos eucariotos é cilíndrico e composto de um *core* contendo nove subunidades proteicas compostas de ribonucleases, denominadas, no conjunto, Exo9 ou EXOSC1-9. Elas dispõem-se em círculo, de modo a formar, na região central, um canal através do qual o RNA-alvo deve passar. Seis das nove subunidades desse core compõem um anel hexamérico e são constituídas por proteínas produzidas pelos genes *EXOSC4* a *9*. As três subunidades restantes são produzidas pelos genes *EXOSC1* a *3*, dispõem-se de forma tríplice sobre o anel e têm um domínio "S1" de ligação ao RNA que vai ser degradado (*S1RNA Binding Domain* – RBD) (Figura 12.5 A).

Figura 12.5 A, B. Em A, esquema do core do exossomo, em vista superior, mostrando a distribuição de seus componentes. As proteínas Exo9 dispõem-se em nove subunidades, sendo que seis, representadas por círculos, nesse esquema, formam um anel básico que deixa uma abertura central por onde deve passar o RNA m a ser degradado. As outras três subunidades, representadas por estrelas, dispõem-se sobre as seis do anel. Em B, mais detalhes do core e do mecanismo do exossomo. A atividade hidrolítica é realizada pela exorribonuclease processadora Dis3 (ou Rrp44) e pela exorribonuclease distribuidora Rrp6 (ou EXOSC 10) ligadas, respectivamente, à base e ao topo do core. O RNA-alvo entra pela parte superior do cilindro e pode ser degradado pelo Rrp aí mesmo (RNA1), ou pode seguir pela abertura do cilindro e ser degradado pela Dis3, ao fundo mesmo (RNA2). Outra possibilidade é o RNA entrar direto no fundo do cilindro e ser degradado no local (RNA3) (adaptado de Januszyk e Lima, 2014).

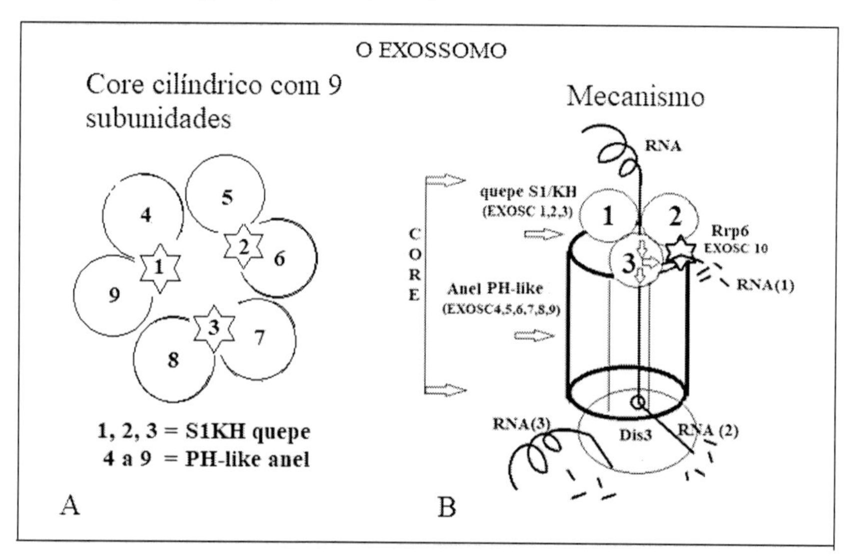

No decorrer do processo evolutivo, as ribonucleases que compõem as subunidades do core, que eram enzimaticamente ativas nos procariotos, perderam sua capacidade catalítica. Elas deixaram de ser *hidrolíticas*, isto é, de utilizar a água para romper as ligações entre os nucleotídeos e se tornaram *fosfolíticas*, isto é, elas usam fosfato inorgânico para clivagem. Por essa razão, essas ribonucleases são denominadas *RNases Ph-like*. Contudo a estrutura do core foi altamente conservada desde os archaea, que são organismos unicelulares procariotos, indicando a importância do complexo na vida celular.

A atividade hidrolítica ausente no core do exossomo dos eucariontes é compensada pela presença de duas enzimas que também utilizam água para romper as ligações entre os nucleotídeos. São Dis3 (ou Rrp44) e Rrp6 (nas leveduras) ou PM/Scl100 (nos humanos), sendo que Rrp6 liga-se no topo do core e Dis3 liga-se ao fundo. Ambas são exoribonucleases, mas pertencem a duas famílias diferentes de enzimas hidrolíticas (respectivamente família RNase R e família RNase D).

Para acessar diferentes substratos, o exossomo de RNA necessita ainda associar-se com complexos proteicos adaptadores e cofatores que auxiliam na ligação ao RNA-alvo. O funcionamento do exossomo inicia-se com a entrada do RNA-alvo pela parte superior do cilindro e pode ser degradado pela Rrp6 aí mesmo, ou pode ser encaminhado pelo canal central ao sítio distal do cilindro e ser degradado pela Dis3 (ou Rrp44), no fundo do cilindro. Outra possibilidade é o RNA entrar direto no fundo do cilindro e ser degradado no local, isto é, sem passar pelo canal central (figura 12.5 B).

Quanto ao mecanismo de degradação utilizado no exossomo, a ideia é a de que o RNA a ser degradado associa-se às subunidades específicas de ligação do exossomo e é encaminhado para os sítios onde estão as ribonucleases. O RNA m degradado sai pela outra extremidade do canal central.

O RNA m a ser degradado deve estar na forma filamentar, desenovelado, para ser acomodado no canal central do exossomo. Enzimas helicases especiais desenovelam o RNA-alvo para que o diâmetro do filamento seja compatível com o diâmetro do canal central. O bloqueio artificial da atuação do exossomo paralisa o crescimento e mata as células. São essenciais tanto as proteínas do core, que não têm atividade catalítica, como as duas proteínas associadas, que são as catalíticas. O core do exossomo é essencial, aparentemente porque coordena o recrutamento das nucleases e modula suas atividades na passagem do RNA pelo seu canal central. Análises bioquímicas mostraram que os exossomos têm atividade limitada *in vitro*, sugerindo que sua atividade forte *in vivo* possa ser devida à existência de cofatores que atuam como ativadores.

12.6 Aspectos patológicos relacionados aos mecanismos de *surveillance*

A supervisão é uma atividade fundamental no que diz respeito à sobrevivência e à qualidade de vida dos organismos. Em mamíferos está comprovado seu papel vital; sua inibição é letal em embriões de camundongo.

Os PTCs, que acionam a via NMD, foram relacionados a 30% das doenças hereditárias humanas. Entre várias doenças cuja patogênese está associada a problemas desses mecanismos, incluem-se a doença ocular Aniridia (gene *PAX6*), a Distrofia Muscular Duchenne (MD) que é um grupo de doenças degenerativas musculares e a Síndrome de Marfan (gene *FBN1*, da fibrilina) que causa anomalias em várias partes do corpo.

Nas células podem formar-se estruturas proteicas insolúveis decorrentes da associação de proteínas dobradas anormalmente, uma anomalia chamada agregação proteica. Um dos tipos dessas proteínas (amiloide) é central na patologia de muitas doenças degenerativas, incluindo Alzheimer, Parkinson e Huntington. Semelhantemente, a perda das vias de *surveillance* do RNA m em mutantes deficientes de NMD, NGD e NED resulta em aumento da formação de agregados proteicos celulares insolúveis, devido à associação das proteínas anormais que são geradas. Nos dois casos parece haver relação dos agregados com o envelhecimento. Isso sugere a possibilidade de falhas na *surveillance* estarem relacionadas com as doenças mencionadas.

O funcionamento anormal dos exossomos também está ligado a doenças autoimunes e neuromotoras. Nesse caso, entre as doenças autoimunes está a síndrome PM/Scl (uma doença cujos portadores apresentam sintomas da esclerodermia) e polimiosite. A primeira dessas doenças caracteriza-se por causar fibrose (endurecimento) da pele e dos órgãos internos, comprometimento dos pequenos vasos sanguíneos e formação de anticorpos contra estruturas do próprio organismo (autoanticorpos). A polimiosite, por sua vez, é uma doença rara, crônica e degenerativa, caracterizada pela inflamação progressiva dos músculos, causando dor, fraqueza e dificuldade de realizar movimentos. A mutação na subunidade 3 do exossomo é responsável por doenças neurológicas como a neuronal motora infantil, a atrofia cerebelar e a microcefalia progressiva.

A falta ou inibição da ação dos exossomos tem sido relacionada à produção aumentada de substâncias em várias doenças como o câncer, em decorrência da produção, maior que a normal, de fatores de transcrição pelos genes *c-fos* e *c-myc*. Por outro lado, algumas quimioterapias para câncer funcionam pelo bloqueio da atividade de exossomos. Um aspecto preocupante é que os exossomos são afetados pelo fluorouracil, considerado uma das drogas mais importantes para tratamento de tumores sólidos (câncer).

12.7 Comentário

O capítulo anterior mostrou que a quantidade disponível de proteínas normais está sujeita a controle, evitando que a falta ou o excesso prejudique as funções celulares. No presente capítulo, podemos ver que também a *qualidade*, isto é, a integridade estrutural dos RNAs m passa por sistemas de avaliação denominados *supervisão* ou *surveillance*, que os mantêm ou os degradam caso apresentem alterações que podem levar à produção de proteínas anormais. Os processos de avaliação, neste caso, são específicos para diferentes problemas estruturais e envolvem a atividade de muitas enzimas que formam complexos. O funcionamento anormal desses processos está vinculado a vários estados patológicos humanos.

12.8 Referências

JAMAR, N. H.; KRITSILIGKOU, P.; GRANT, C. M. Loss of mRNA surveillance pathways results in widespread protein aggregation. *Scientific Reports*, v. 8, n. 3894, 2018. Disponível em: https://www.nature.com/articles/s41598-018-22183-2. Acesso em: 4 out. 2023.

JANUSZYK, K.; LIMA, C. D. The eukaryotic RNA exosome. *Curr Opin Struct Biol*, p. 132-140, 2014. Disponível em: doi: 10.1016/j.sbi.2014.01.011. Acesso em: 2 fev. 2024.

KAROUSIS, E. D.; NASIF, S.; MÜHLEMANN, O. Nonsense-mediated mRNA decay: novel mechanistic insights and biological impact. *WIREs RNA*, v. 7, n. 5, p. 661-6, 2016. Disponível em: https://doi.org/10.1002/wrna.1357. Acesso em: 4 out. 2023.

MAKINO, D. L.; HALBACH F.; CONTI, E. The RNA exosome and proteasome: common principles of degradation control. *Nature Reviews Molecular Cell Biology*, v. 14, p. 654-660, 2013. Disponível em: Doi: 10.1038/nrm3657. Acesso em: 23 jan. 2024.

MORAES, K. C. M. RNA Surveillance: Molecular Approaches in Transcript Quality Control and their Implications in Clinical Diseases. *Molecular Medicine*, v. 16, p. 53-68, 2010. Disponível em: https://doi.org/10.2119/molmed.2009.00026. Acesso em: 4 out. 2023.

SIMMS, C. L.; YAN, L. L.; ZAHER, H. S. Ribosome collision is critical for quality control during no-go decay. *Mol Cell.*, v. 68, n. 2, p. 361-373, 2017. Disponível em: http://dx.doi.org/10.1016/j.molcel.2017.08.019. Acesso em: 4 out. 2023.

WIKIPEDIA. The Free Encyclopedia. mRNA surveillance. Editada em 18 ago. 2023. Disponível em: https://en.wikipedia.org/wiki/MRNA_surveillance. Acesso em: 4 out. 2023.

Capítulo 13

SPLICING E OUTRAS MODIFICAÇÕES PÓS-TRADUCIONAIS DAS PROTEÍNAS (PROTEÍNAS TAMBÉM PODEM SOFRER MATURAÇÃO)

13.1 Introdução

A tradução do RNA m origina filamentos de ácidos aminados (aas) que se denominam polipeptídios devido à ligação peptídica que os une em sequência. A descoberta de que os polipeptídios podem apresentar sequências interpostas que sofrem *splicing*, à semelhança do que ocorre com o pré-RNA m, ocorreu em 1990, em estudos do eucarioto unicelular *Saccharomyces cerevisiae*. A partir dessa data, mais de 600 genes aparentemente portadores dessas sequências interpostas foram encontrados em vírus e organismos unicelulares, incluindo eucariotos inferiores (fungos, algas), procariotos (bactérias, archaea) e plantas inferiores (briófitas e pteridófitas). Nos eucariotos inferiores, são conhecidas mais de uma centena dessas sequências interpostas, com comprimento variando de 138 a 844 aas, sendo que predominam em fungos patógenos de plantas e de humanos. Elas não foram encontradas em proteínas de organismos multicelulares, portanto, não ocorrem nos genes humanos.

As sequências interpostas dos polipeptídios ocorrem *in frame*, isto é, na sequência codificadora do gene e, assim, estão presentes no RNA m transcrito e também no filamento proteico produzido na tradução. Ao que tudo indica, o *splicing* proteico, ao eliminar essas sequências, conduz a proteína precursora à sua forma madura, funcional, como ocorre com o RNA.

13.2 O *splicing* proteico: inteínas e exteínas

O segmento interposto que é retirado do polipeptídio precursor, pelo *splicing*, e os segmentos que o ladeiam recebem nomes correspondentes aos íntrons e éxons do pré-RNA m. O segmento interposto é denominado *inteína* (*intein*=nome derivado de ***int**ervening prot**ein** fragments*) e os que o ladeiam recebem o nome de *exteínas* (*extein*=***ex**ternal prot**ein** fragments*), sendo que estas últimas se diferenciam em N-exteína e C-exteína, conforme o lado da inteína ao qual se ligam: no primeiro caso, ao resíduo amino-terminal e, no segundo, ao resíduo carboxi-terminal.

13.3 O *splicing* proteico e a inteína

O *splicing* proteico e o *splicing* do RNA m ocorrem, basicamente, da mesma forma, isto é, o segmento interposto (reiterando, no RNA m, íntron; e na proteína, inteína) é removido e os segmentos laterais (éxons e exteínas, respectivamente) são interligados, resultando na formação de um RNA m e um produto proteico, ambos ativos.

Tanto a separação entre as inteínas e as exteínas N e C, que as rodeiam, quanto a junção entre as exteínas após a separação das inteínas, envolvem ligações peptídicas, como as que ocorrem normalmente entre os aminoácidos nas proteínas. Podemos definir as inteínas como componentes genéticos que interrompem as sequências codificadoras (exteínas) e são removidas pelo mecanismo de *splicing* proteico.

O *splicing* das inteínas é autocatalítico. Isso significa que as inteínas contêm, na sua estrutura, os elementos necessários para executar os passos que levam à sua separação da sequência polipeptídica primária e também a estabelecer a ligação entre as exteínas. O mecanismo pelo qual as inteínas são excisadas não utiliza cofatores externos e nem moléculas de alta energia, como ATP e GTP. O *splicing* proteico é considerado um evento extraordinário de *autoprocessamento pós-traducional*, envolvendo rearranjo das ligações peptídicas.

A Figura 13.1 é um esquema referente à modificação estrutural de um segmento original ou pré-polipeptídico portador de inteína, antes e depois do *splicing*, resultando na inteína isolada do segmento e as exteínas laterais reunidas.

Figura 13.1. Esquema de um segmento de polipeptídio precursor (1), contendo uma *inteína* ladeada pelas *exteínas N e C,* antes, e após o *splicing* quando a inteína está separada das duas exteínas e estas estão interligadas (2).

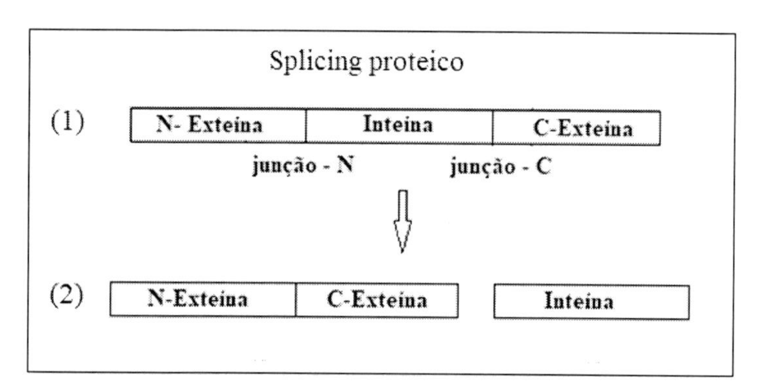

Essa organização do filamento proteico, constituída de inteínas e exteínas, é mais frequente em bactérias e em archaea do que nos demais organismos unicelulares. Nesses organismos, as inteínas, além de serem numerosas, frequentemente estão presentes em polipeptídios de proteínas importantes, ou mesmo essenciais para a sobrevivência, como é o caso das proteínas de ligação ao ATP e das proteínas envolvidas na replicação do DNA, sendo que cerca de 70% das bactérias e quase dois terços dos archaea apresentam esses segmentos interpostos.

As inteínas tendem a formar *clusters* (agrupamentos) em regiões funcionais da proteína, isto é, em *domínios*, como no domínio de ligação a outras moléculas.

13.4 Inteínas: parasitas?

Durante muito tempo, as inteínas foram consideradas elementos parasitas, isto é, segmentos que apenas se beneficiariam da molécula em que se inserem, então denominada molécula hospedeira. Contudo a observação de que o *splicing* proteico pode ser regulado (ativado ou mesmo bloqueado) por sinais ambientais que são relevantes para a sobrevivência celular e para a atuação da proteína hospedeira, indica o contrário. Esses sinais incluem, entre outros, o pH, a temperatura, e o próprio substrato da proteína hospedeira. Esse controle exercido pelo ambiente sugere que, pelo menos nos casos analisados, o polipeptídio precursor que contém a inteína, beneficia-se de sua presença, refutando a denominação de parasitas, anteriormente dada a esses segmentos peptídicos interpostos.

13.5 As inteínas são divididas em classes

As inteínas são diferenciadas em quatro classes: mini-inteínas, maxi--inteínas, inteínas divididas (*split* inteínas) e inteínas alanina. As mini-inteínas são as inteínas típicas, portadoras de terminais N-inteína e C-inteína, que fazem contato, respectivamente, com as exteínas N e C. As maxi-inteínas incluem uma enzima *endonuclease* e isso aumenta seu comprimento. As inteínas *alanina* contêm uma alanina no lugar da *cisteína* e da *serina* existentes na inteína canônica. As mini-inteínas, as inteínas portadoras de endonuclease e as inteínas alanina são inteínas *cis-splicing*. As inteínas split são *trans-splicing*, isto é, provêm da junção de fragmentos N-inteina e C-inteina transcritos e traduzidos por dois genes diferentes.

13.6 Os elementos envolvidos no *splicing*

A organização estrutural dos elementos moleculares envolvidos no *splicing* proteico canônico é mostrado no esquema da Figura 13.2. Vários tipos de sequências de peptídios (motivos) são altamente conservados em suas posições nas inteínas e eles estão relacionados fortemente com a eficiência da reação de *splicing*. O esquema da figura mostra sete motivos identificados na inteína (A G), os quais são compostos de resíduos conservados de aminoácidos. Os motivos A e B localizam-se na região mais próxima da N-exteína; F e G ficam na região mais próxima da C-exteína e C, D, E, são motivos que correspondem à endonuclease *homing*, que consta da inteína incluída no esquema.

Figura13.2. Este esquema mostra uma inteína que abriga uma endonuclease e a estrutura da região do filamento polipeptídico onde ocorrerão as reações do *splicing* que resultam na separação da inteína e na junção das exteínas. A contribuição de diferentes autores permitiu reconhecer sete motivos, de A a G, sendo constituídos pelos aminoácidos serina, treonina ou cisteína (motivo A), asparagina (motivo G) e histidina (motivo F). As regiões C a E constituem a *endonuclease homing* (adaptado de Wang, Wang, Zhong, Day, 2022).

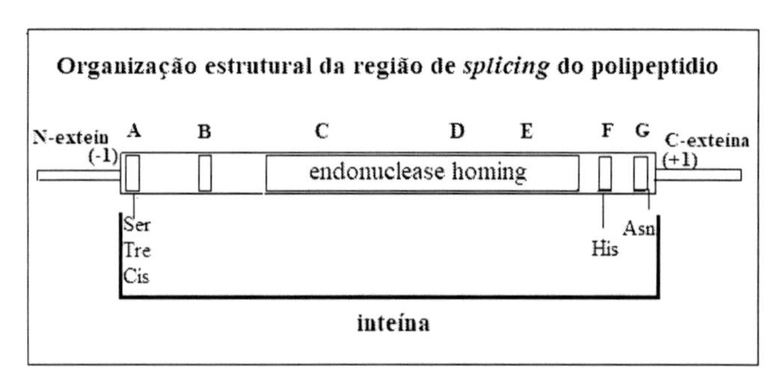

O motivo A é o primeiro, localizado no terminal N da inteína e os aminoácidos nela atuantes são serina, treonina ou cisteína (Ser, Ter ou Cis, respectivamente), G é o motivo encontrado na junção com o lado C terminal da inteína, sendo, frequentemente, um resíduo da asparagina (Asn) precedido, no motivo anterior F, por uma histidina (His). Os motivos C a E são regiões de dodecaptídeos (12 aminoácidos) que agem como endonucleases *homing* (*homing endonucleases*=HE; a tradução de *homing* é "aquele que regressa à casa").

AS enzimas HE, que são altamente específicas, reconhecem e fazem a clivagem do DNA. Estão presentes em todas as formas de micróbios (fagos inclusive; fagos são vírus que infectam bactérias) e também nos organoides mitocôndrias e cloroplastos dos eucariotos. Geralmente estão incluídas em elementos *auto-splicing*, isto é, elementos capazes de realizar por si só as funções do spliceossomo, como é a inteína.

Apesar de sua ampla distribuição filogenética, as inteínas caracterizam-se por conservar suas características estruturais, incluindo uma dobra simétrica pseudo-dupla em forma de ferradura, os *motivos*, já mencionados, com sequências canônicas presentes nas regiões de *splicing* e mecanismos de *splicing* semelhantes.

13.7 O mecanismo do *splicing* proteico canônico

O mecanismo de *splicing* proteico é, portanto, o que leva à eliminação das inteínas seguida pela ligação N-extein e C-exteina, formando dois polipeptídios: a inteína (liberada) e o novo polipeptídio formado pela junção das duas exteínas. As inteínas inserem-se, frequentemente, em proteínas que atuam na replicação do DNA, na transcrição e nos genes de tradução contínua que são os genes *housekeeping*. Pensa-se que a excisão desses domínios seja necessária para o funcionamento das proteínas que os hospedam porque, geralmente, ocorrem dentro de regiões essenciais dessas proteínas, mas parece não haver ainda demonstração clara dessa necessidade. Como foi mencionado anteriormente, embora para muitas inteínas a reação bioquímica de *splicing* não necessite do envolvimento de fatores externos nem de energia produzida por fontes externas, a temperatura, o Ph, a presença de outras moléculas e o estresse oxidativo podem influenciá-la.

Para um conhecimento básico do mecanismo do *splicing* proteico, descrevemos, a seguir, sucintamente, as reações do processo que ocorrem em uma inteína classe 1 (Figura 13.3):

1. No primeiro passo, um nucleófilo (espécie *química* que doa um par de elétrons para formar uma ligação), que nesse caso é uma cisteína ou serina, presentes na posição inicial da extremidade N da inteína (módulo A), ataca a ligação peptídica imediatamente à sua montante, na junção com a N-exteina que a precede, produzindo uma ligação tioester ou oxoester, se o arranjo acil envolver N-S ou N-O, respectivamente. Isso resulta na formação de um tioester.

2. No segundo passo, um nucleófilo da posição +1 da C-exteína (cisteína, serina ou treonina) ataca a ligação tioester formada no passo anterior, resultando uma situação intermediária, em que as duas exteínas estão ligadas entre si, formando um ramo, mas a inteína ainda permanece unida à C-exteína. Nesse passo, ocorre a transesterificação e a formação do ramo que envolve a união da N e da C-exteínas. Em outras palavras, da transesterificação resulta a clivagem na junção N-terminal e a transferência da N exteína para junto da exteína C.

3. No terceiro passo, ocorre a ciclização da asparagina localizada no módulo A da inteína, que libera esta das exteínas. A ciclização da asparagina e a liberação do ramo formado pela reunião das exteínas N e C é o que ocorre nesse passo.

4. Finalmente, o tioester que liga a N-exteína com a C-exteína sofre um rearranjo acil S-N ou O-N para formar uma ligação peptídica estável. Essa é a última reação, a qual estabelece o rearranjo acil entre as exteínas. Na inteína ocorre a hidrólise lenta da succinamida (chama-se succinimida a uma imida cíclica com a fórmula $C_4H_5NO_2$).

A repetição do processo, em todos os locais ao longo do filamento precursor onde ocorre uma inteína, produz ao final um filamento proteico ininterrupto, formado pela junção das exteínas.

Figura 13.3. Esquema do mecanismo de *splicing* de uma inteína classe 1. Passos: (1). Ataque nucleofílico. Forma-se uma ligação éster ou tioester entre a inteína e a exteína N. (2). Ocorre a transesterificação quando o primeiro resíduo da C exteína ataca a ligação tioester, recém-formada, liberando o N terminal da inteína. (3) O último módulo da inteína (asparagina) rompe a ligação peptídica com a C exteína, liberando a inteína. (4). O grupo amino da C exteína (asparagina) ataca a ligação tio éster que a liga à N exteína produzindo uma ligação peptídica entre elas. Resultam as duas exteínas unidas por uma ligação peptídica e, à parte, a inteína.

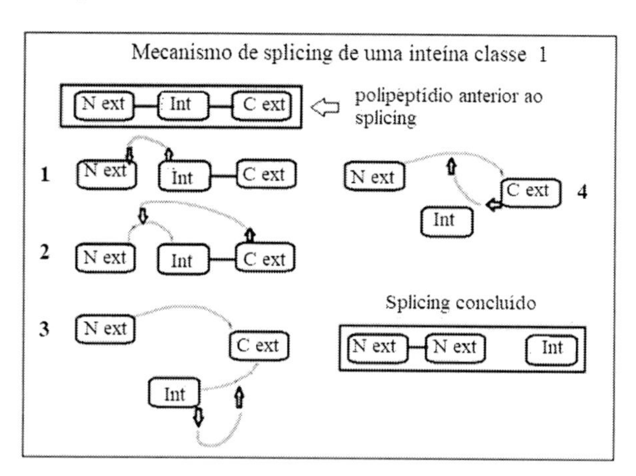

Embora o *auto-splicing* das inteínas seja um processo aparentemente simples, a sua concretização é complexa. Precedendo o processo, ocorre a aproximação e entrelaçamento das duas regiões de *splicing* da inteína (regiões N e C), de modo a aproximar suas regiões terminais e os resíduos catalíticos, facilitando as reações iniciais. Inclui também a formação de uma dobra simétrica pseudo-dupla em forma de ferradura, nas regiões de *splicing*. Essa topologia é complexa, decorrendo de múltiplos passos para frente e para trás da cadeia polipeptídica, entre as metades simétricas. A complexidade do processo abrange ainda outros aspectos.

13.8. Inteínas divididas e o mecanismo de *trans-splicing*

Existem inteínas que diferem das inteínas produzidas por um único gene. Essas inteínas diferentes caracterizam-se por serem produzidas pela junção de partes de dois ou mais polipeptídios, sendo, portanto, originadas de dois ou mais genes. São as chamadas *inteínas divididas* (*split inteins*). Elas são transcritas e traduzidas por genes separados, mas apresentam as características necessárias para realizar o *splicing*, o que fazem após as partes separadas se associarem.

Foi possível demonstrar a existência do *splicing* proteico em duas situações: com o uso de inteínas *engenheiradas in vivo* e *in vitro*. A partir desses trabalhos, foram obtidas informações importantes acerca dos elementos necessários para o *splicing* proteico.

Inteínas divididas são encontradas, naturalmente, em cianofíceas (bactérias). Uma dessas inteínas ocorre na proteína DnaE, que é a subunidade catalítica alfa da DNA polimerase III. As metades N e C terminais da DnaE derivam de dois polipeptídios diferentes, portanto de dois genes, no caso os genes: *dnaE-n* e *dnaE-c*.

Quando traduzidos originariamente, o polipeptídio oriundo do gene *dnaE-n* contém o fragmento N-Exteína seguido de uma inteína de 123 aas; e o polipeptídio *dnaE-c* contém uma inteína de 36 aas seguida da C-Exteína. Essas duas partes são denominadas fragmentos terminais N e C. Elas reúnem-se em um mesmo filamento e depois disso realizam o *splicing*, que é então denominado *trans-splicing* (Figura 13.4). Contrapondo-se a essa situação, o *splicing* das inteínas padrão (canônico) é, frequentemente, denominado *cis-splicing*.

Figura 13.4. Esquema do *trans-splicing* na origem da proteína DnaE. Aqui são mostrados os dois polipeptídios precursores, originados dos genes dnaEn e dnaEc, cada um contendo um fragmento da inteína (fragmentos N e C) e uma exteína. Em seguida, os dois precursores associam-se de modo que os dois segmentos de inteína ficam reunidos, bem como as duas exteínas. Em seguida, ocorre o *splicing*, resultando nos produtos finais que são a inteína ativa, com suas duas partes resultantes da junção dos dois fragmentos de origem diferente, e as duas exteínas ligadas entre si. A partir desse momento, o processo torna-se igual para os dois tipos de splicing.

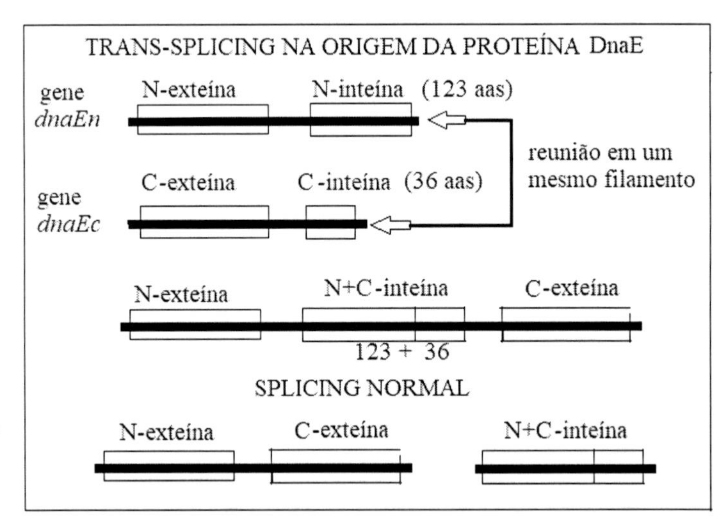

13.9 Outros processos envolvidos na regulação pós-traducional: dobramento, fosforilação e glicosilação

Diferentemente do *splicing*, encontrado apenas em organismos unicelulares, o dobramento, a fosforilação e a glicosilação são modificações componentes da regulação gênica pós-traducional de ocorrência geral entre os organismos. Essas outras modificações, que fazem parte do processo de maturação, possibilitam levar as proteínas, já prontas, para seu lugares de uso na célula.

13.9.1 Dobramento proteico: atuação das chaperonas

O *dobramento proteico* correto é exigência para que o polipeptídio tenha a capacidade de funcionar normalmente. É um processo pelo qual a cadeia polipeptídica adquire uma estrutura 3D, caracterizada de acordo com sua sequência de aminoácidos. Mas, embora essa sequência seja básica na condução do dobramento, este é mediado pela atividade de outras proteínas.

Muitas das proteínas celulares que atuam nesse processo de maturação proteica são do tipo *housekeeping*, isto é, são expressas constitutivamente e estão incluídas na família hsp (*heat shock protein*) que é altamente conservada evolutivamente. Essas proteínas são também denominadas chaperonas moleculares. Elas ligam-se a polipeptídios que ainda não estão dobrados, ou estão dobrados apenas parcialmente, estabilizando-os, e depois de superadas as razões da espera, levam-nos a um estado final de dobramento correto. As chaperonas agem como catalizadores. Sua ausência gera desestabilização, podendo ter, como consequência, a formação de agregados proteicos, como ocorre em doenças neurodegenerativas, incluindo o Mal de Parkinson, Alzheimer, Huntington e esclerose lateral amiotrófica. Essas chaperonas pertencem a muitas famílias conservadas na evolução, como Hsp40, Hsp60, Hsp70, Hsp90 e Hsp100. O nome Hsp dado a essas famílias de chaperonas decorre do fato de que essas proteínas, antes de serem conhecidas por sua atuação no dobramento do polipeptídio, eram conhecidas por sua função celular na resposta a alterações da temperatura. O nome Hsp é formado pelas iniciais de Heat Shock Protein cujo significado é proteína de choque térmico. Nas variações de temperatura, a produção dessas proteínas é ativada e sua função é também de proteção a outras proteínas.

Já vimos em capítulos anteriores que a tradução, processo que gera a proteína, ocorre nos ribossomos que podem estar livres no citoplasma celular ou ligados à superfície do retículo endoplasmático. Este último, devido à presença dos ribossomos, é chamado retículo endoplasmático granular ou rugoso pelo seu aspecto ao microscópio eletrônico. O conjunto dos ribossomos ligados a um mesmo RNA m tem a aparência de um colar de contas que é chamado polirribossomo ou polissomo. Nos polissomos livres no citoplasma, à medida que o filamento polipeptídico fica pronto, vai sendo descarregado no próprio citoplasma, enquanto nos polissomos ligados ao RE, o filamento é transferido para o seu interior (do RE).

Diz-se que essa transferência é *co-traducional* devido a que ela vai ocorrendo juntamente com a síntese. Da mesma forma são co-traducionais os processos de dobramento e associação que irão atuar no filamento dentro do RE, após o que as proteínas são transportadas para seu destino final, que pode ser intracelular (como complexo de Golgi e lisossomos) ou extracelular.

As chaperonas são "ferramentas" dotadas de uma estrutura especial. Por exemplo, a chaperonina GroEL, que é membro da família Hsp 60, é um cilindro contendo um poro central no qual a proteína entra desdobrada de um lado e sai dobrada do outro. O cilindro é composto de dois anéis, cada um com sete subunidades (Figura 13.5).

Figura 13.5. Esquema mostrando a estrutura da *chaperonina GroEL*, proteína da família HS60, formada de dois anéis, com abertura interior, cada um com sete subunidades. O produto da tradução do RNA m entra desdobrado por uma das extremidades e sai dobrado na outra (baseado em Singh, Balchin, Imamoglu *et al.*, 2020).

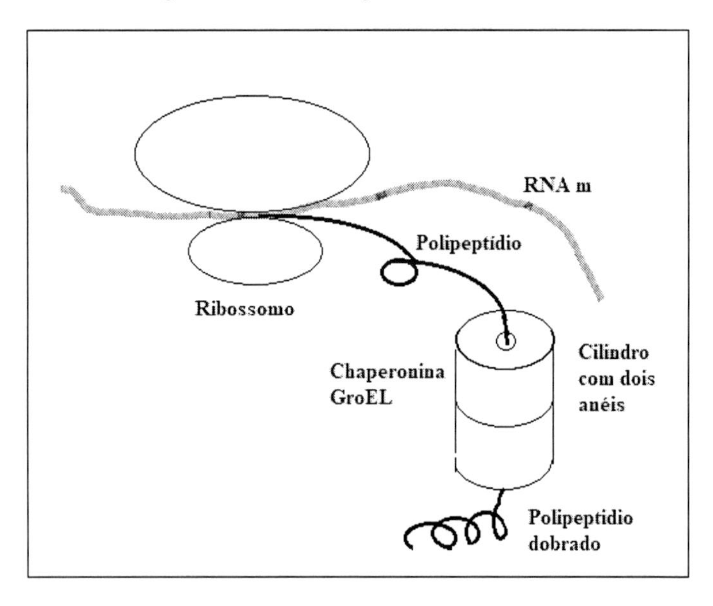

13.9.2. Dobramento proteico por formação de dissulfetos

Além das chaperonas, há outros processos que também se envolvem no dobramento proteico. Um deles é a *formação de dissulfetos*. A ponte *dissulfeto é uma* ligação covalente entre dois átomos de enxofre. A enzima PDI (*protein dissulfide isomerase=dissulfeto isomerase*) promove a formação de dissulfeto.

Pontes de dissulfeto podem também estar envolvidas nas ligações entre os polipeptídios que compõem uma proteína nativa multi-polipeptídica (ou complexo multíproteína), cujos componentes devem ser mantidos unidos como uma única partícula. Ligações por pontes de dissulfeto geralmente são restritas a proteínas que são secretadas pela célula e a algumas proteínas de membrana, porque o citossol contém agentes redutores que impedem a formação dos dissulfetos. Nos eucariotos, as ligações ocorrem no retículo endoplasmático (RE), que mantém um meio oxidante.

13.9.3 Glicosilação e dobramento proteico

Outro processo envolvido no dobramento das proteínas é a *glicosilação*. Esse processo consiste na adição de cadeias de carboidratos aos polipeptídios componentes da proteína, que passa, então, a se chamar *glicoproteína*. O carboidrato associado à proteína é importante para o dobramento de proteínas no RE, para marcação de proteínas para encaminhamento aos compartimentos celulares corretos e também agem como sítios de reconhecimento nas interações entre células.

13.9.4. Associação com lipídios

Nos eucariotos, há ainda proteínas cujas cadeias polipeptídicas são modificadas por outros tipos de associação, com lipídios. Essas associações também conduzem as proteínas formadas por essas cadeias para a membrana plasmática. A literatura menciona três tipos comuns nesses organismos: N-miristoilação, prenilação e palmitoilação, que diferem entre si quanto ao lipídio e o processo de associação.

13.9.5 Fosforilação das proteínas

A fosforilação das proteínas é uma modificação pós-traducional reversível. Neste caso, uma quinase protéica realiza a ligação covalente de um grupo fosfato a um resíduo de aminoácido da cadeia, que se torna, assim, *fosforilada*. Nos eucariotos, os aminoácidos mais frequentemente fosforilados são serina, treonina e tirosina. A conformação estrutural da proteína se altera com a fosforilação, de modo que ela se torna ativada, desativada ou tem sua função modificada. No ser humano, há aproximadamente 13.000 proteínas que apresentam sítios fosforilados. A reação de eliminar a fosforilação, isto é, a *desfosforilação* é catalisada por *fosfatases*.

A fosforilação desempenha um papel importante nas vias de sinalização e no metabolismo. Um exemplo é o que ocorre com a proteína supressora de tumor p53. Ela apresenta mais de 18 sítios de fosforilação que quando ativados podem causar o bloqueio do ciclo celular. Essa ativação pode ser revertida sob um sinal de desativação que a desfosforila.

13.10 O *splicing* proteico aplicado em biotecnologia e medicina

13.10.1 As inteínas

As características que envolvem as inteínas e seu *splicing* têm tido como consequência o desenvolvimento de inúmeras aplicações. Por essa razão, a descoberta de sua existência é considerada um presente para várias classes de profissionais.

As inteínas tornaram-se uma poderosa ferramenta biotecnológica para a biologia molecular e a engenharia das proteínas, incluindo, entre muitos usos, a modificação seletiva de proteínas *in vitro* e *in vivo*, para diversos usos. Facilita a aplicação do *splicing* proteico o fato de que ele pode ser controlado por modificações do pH ou pela luz. Assim, de acordo com os objetivos, a inteína pode ser "engenheirada" para responder a um desses sinais. Isso tem sido utilizado, por exemplo, para o desenvolvimento de biosensores. Nas plantas, uma das aplicações tem sido a ativação de transgenes.

Na área da saúde, sua importância é destacada. O fato de que a inteínas estão presentes em muitos patógenos humanos, mas não ocorrem nos genes humanos, tornou-as alvo de estudos para desenvolvimento de antifungos e antibióticos. A importância desse fato aumenta tendo em vista a resistência crescente que tem sido observada com relação às drogas em uso para controle dos microrganismos.

Assim, a possibilidade de aplicação médica das inteínas, quanto a seu uso como droga antimicrobiana, tem como base a ideia de que a inibição do *splicing* interfere na função de proteínas essenciais dos micróbios. As inteínas ocorrem em genes vitais de vários patógenos humanos, como no

Mycobacterium tuberculosis, que é o agente causador da maioria dos casos de tuberculose. Em aplicações utilizando a droga quimioterápica *cisplatina*, foi demonstrada sua ligação direta e irreversível à inteína do gene *Rec A* do *M. tuberculosis*, necessário como catalisador do *splicing*. Em consequência ocorreu inibição do crescimento da bactéria, paralelamente à regressão da tuberculose em pacientes com câncer.

As múltiplas possibilidades de abordagem criadas pelo conhecimento da capacidade de auto-splicing das inteínas, estão descritas com maiores detalhes em bibliografia incluída neste capítulo.

13.10.2 Efeitos patológicos do dobramento, glicosilação e fosforilação

Já se mencionou, anteriormente, que o dobramento alterado das proteínas e a consequente agregação de partículas proteicas pode causar um grande número de doenças neurodegenerativas nos seres humanos. Essa alteração é considerada a primeira causa de doenças como Alzheimer, Parkinson, Huntington, Creutzfeldt-Jakob, fibrose cística, Gaucher e outras doenças neurodegenerativas. As chaperonas, também conhecidas como protetoras das proteínas, são conhecidas por sua eficiência em prevenir que as proteínas sejam mal dobradas. Também alterações que ocorram nos processos de glicosilação e fosforilação têm sido associadas com o início e a progressão do câncer. A fosforilação e a desfosforilação de proteínas regulam vias de sinalização celular associadas com modificações de vários processos celulares essenciais. Por isso, considera-se seu estudo extremamente importante, principalmente com relação às proteínas envolvidas na regulação do ciclo celular, onde elas podem atuar na origem e progressão do câncer.

13.11 Comentário

Da mesma forma que o RNA m, quando transcrito, não está pronto para atuar na tradução, a proteína produzida pela tradução também não está pronta para ser utilizada. Ambos são, primeiramente, submetidos a um processo de *maturação*. Este capítulo focaliza a maturação das proteínas e mostra que, em vírus e organismos unicelulares, elas também sofrem splicing que elimina segmentos interpostos e reúne os remanescentes. Nos organismos em geral, *dobramento, fosforilação e glicosilação* também podem ocorrer e produzir o "refinamento" estrutural necessário, tendo em vista a importância do trabalho a ser efetuado pelas proteínas. Também neste caso, modificações das proteínas que não se enquadram na normalidade podem gerar doenças de várias naturezas.

13.12 Referências

BARALLE, M.; BURATTI, E. Protein Splicing. *In*: BARALLE, M.; BURATTI, E., *Brenner's Encyclopedia of Genetics*. [*S. l.*]: Elsevier, 2013. p. 492-494. https://doi.org/10.1016/B978-0-12-809633-8.06967-3. Acesso em: 24 jan. 2024.

HARTL, M. H.; BRACHER, A.; HARTL, F. U. The GroEL-GroES Chaperonin Machine: A Nano-Cage for Protein Folding. *Trends in Biochemical Sciences*, v. 41, n. 1, p. 62-76, 2015. Disponível em: https://doi.org/10.1016/j.tibs.2015.07.009. Acesso em: 31 out. 2023.

PAVANKUMAR, T. L. Inteins: Localized Distribution, Gene Regulation, and Protein Engineering for Biological Applications. *Microorganisms*, v. 6, n. 1, p. 19, 2018. Disponível em: https://doi.org/10.3390/microorganisms6010019. Acesso em: 5 out. 2023.

SINGH, K.; BALCHIN, D.; IMAMOGLU, R. *et al*. Efficient Catalysis of Protein Folding by GroEL/ES of the Obligate Chaperonin Substrate MetF. *J. Mol BIOL*, v. 432, n. 7. p. 2304-2318, 2020. Disponível em: https://doi.org/10.1016/j.jmb.2020.02.031. Acesso em: 16 mar. 2024.

THARAPPEL, A. M.; ZHONG, L.; HONGMIN, L. Inteins as Drug Targets and Therapeutic Tools. *Front. Mol. Biosci. Sec. Cellular Biochemistry*, v. 9, 2022. Disponível em: https://doi.org/10.3389/fmolb.2022.821146. Acesso em: 5 out. 2023.

WANG, H.; WANG, L.; ZHONG, B.; DAI, Z. Protein Splicing of Inteins: A Powerful Tool in Synthetic Biology. *Front. Mol. Biosci.*, v. 10, 2022. Disponível em: https://doi.org/10.3389/fbioe.2022.810180. Acesso em: 4 out. 2023.

WIKIPEDIA. A Enciclopédia Livre. Chaperone (Protein). Revisão em 26 ago. 2023. Disponível em: https://en.wikipedia.org/wiki/Chaperone_(protein). Acesso em: 4 out. 2023.

WIKIPEDIA. A Enclopédia Livre. *Protein phosphorylation*. Revisão em 17 set. 2023. Disponível em: https://en.wikipedia.org/wiki/Protein_phosphorylation. Acesso em: 4 out. 2023.

WIKIPEDIA. A Enclopédia Livre. Protein splicing- an overview. Revisão em: 17 jul. 2023. Disponível em: https://en.wikipedia.org/wiki/Protein_splicing. Acesso em: 4 out. 2023.

WU, H.; HU, Z.; LIU, X. Q. Protein trans-splicing by a split intein encoded in a split DnaE gene of Synechocystis sp. *Proc Natl Acad Sci U S A*, v. 95, n. 16, p. 9226-9231, 1998. Disponível em: https://doi.org/10.1073/pnas.95.16.9226. Acesso em: 31 out. 2023.

Capítulo 14

DEGRADAÇÃO DAS PROTEÍNAS (DESTRUINDO PROTEÍNAS EM BENEFÍCIO DA CÉLULA)

14.1 Introdução

Desde o início do desenvolvimento e até e o final de suas vidas, os organismos precisam produzir e degradar proteínas. As proteínas são essenciais para construção e reconstrução de suas estruturas, bem como para, na forma de enzimas, comandar milhares de reações químicas que ocorrem nas suas células. Porém as estruturas a serem reconstruídas e as reações necessárias para a manutenção das funções biológicas mudam de tempos em tempos, de forma variável para diferentes processos e, assim, mudam também as proteínas necessárias. Entre essas proteínas, muitas são reguladoras, como é o caso dos fatores de transcrição e de muitas outras a que nos reportamos ao longo destes textos.

Já mencionamos as estimativas quanto ao número de proteínas diferentes necessárias para realizar todas as tarefas celulares, que variam ao longo do tempo, em função das exigências internas e externas. Os valores são variáveis para diferentes trabalhos, mas todos são valores altos. Por uma questão de espaço disponível, seria impossível a cada uma das células, de tamanho tão pequeno, armazenar todos os tipos de proteínas essenciais à realização das atividades de sua vida. É preciso considerar ainda que, de cada tipo de proteína, são necessárias cópias em número variável, calculado entre uma e 1.500. Um sério problema biológico, este, de acomodação proteica! Sua solução, porém, veio através do desenvolvimento de mecanismos de regulação que permitem cessar a produção e degradar as proteínas de necessidade transitória, após seu período de uso, e produzi-las de novo, se e quando necessário.

A degradação atende, também, outra necessidade celular, além dessa relativa ao armazenamento das proteínas; a de prover aminoácidos e peptídeos reutilizáveis para formar novos compostos necessários ao funcionamento normal da célula. Fazendo somente as proteínas de que precisa no momento, uma célula humana contém, de acordo com uma das estimativas, cerca de 10.000 proteínas diferentes com 42.000.000 de moléculas, considerando, no total, o número de cópias necessário, de cada uma delas.

Mas há ainda outro aspecto a considerar. Sabe-se que a célula é muito "zelosa" em relação a tudo o que ocorre no seu interior que possa ser causa de risco. Isto inclui bloquear a ação de produtos biológicos anormais que podem ameaçar seu bom funcionamento. Vimos isso no caso dos RNAs m. O mesmo acontece com as proteínas; há processos para degradá-las quando são alteradas por erros, como dobramento irregular ou modificações da composição ou sequência dos aminoácidos, cujos efeitos podem ser prejudiciais.

14.2 Os mecanismos proteolíticos

Denomina-se *proteostase* (homeostase das proteínas) a regulação, nas células, dos processos que envolvem a trajetória das proteínas que compõem o proteoma de um organismo. Isso inclui a regulação da concentração, das modificações pós-traducionais (de modo especial o dobramento), das interações e da localização de cada uma de suas possíveis centenas de proteínas diferentes.

A degradação das proteínas, tema deste capítulo, afeta os dois aspectos mencionados no item anterior: a variação controlada da concentração adequada de proteínas normais e a eliminação de proteínas anormais. Nas células dos eucariotos, há dois sistemas ou vias principais que realizam essas atividades: a via ubiquitina-proteassomo (*ubiquitin-proteasome system*=UPS) e a via lisossomo-proteólise.

Já vimos que a meia-vida das proteínas nas células varia muito, de minutos a dias. Geralmente, as proteínas de vida mais curta são degradadas pelos proteassomos e as de vida mais longa pelos lisossomos.

14.2.1 A via ubiquitina-proteassomo

A *via ubiquitina-proteassomo* é o principal mecanismo de degradação proteica, atuante no núcleo e no citoplasma das células dos eucariotos. É essencial para regulação de muitas funções celulares, degradando mais de 80% de suas proteínas, nas duas situações, isto é, no *turnover* e na eliminação de proteínas anormais. "Marcas" impressas na proteína por *ubiquitinação*, isto é, por ligação de *ubiquitinas* à proteína-alvo, são determinantes para que ela seja reconhecida e degradada por essa via.

A ubiquitina é um polipeptídio de 76 aminoáciodos, altamente conservado em todos os eucariotos, abrangendo leveduras, animais e plantas. A poliubiquitinação, que determina a degradação da proteína pelo proteassomo, consiste na ligação peptídica covalente de ubiquitinas, pelo seu terminal C. Essa ligação é realizada, por *ligases específicas*, ao NH2 de cadeias laterais de lisinas presentes no substrato, isto é, na proteína a ser degradada. O nome ubiquitina é devido ao fato de ela ser onipresente e generalizada

A ubiquitinação é um processo constituído de várias etapas, mediadas por três enzimas. Inicia-se pela ação da enzima E1 (*enzima de ativação da ubiquitina*) que ativa uma molécula de ubiquitina, utilizando a energia de ATP, e a ela se liga por seu sítio ativo. Essa ubiquitina ativada é transferida para o sítio ativo de uma de várias enzimas E2 (*enzima de conjugação da ubiquitina*). A ubiquitina é agora transferida para a enzima E3 (*ligase da ubiquitina*) que tem alta afinidade pela proteína-substrato. E3, então, reconhece o substrato proteico a ser degradado (substrato-alvo) e catalisa a transferência da molécula da ubiquitina, ligando-a a ele, mais especificamente, a um resíduo de lisina do alvo. O processo é repetido muitas vezes até que muitas ubiquitinas sejam ligadas, formando uma cadeia. A poliubiquitinação de algumas proteínas requer, ainda, enzimas E4 que atuam cooperativamente com E3 para formar a cadeia. Considera-se E4 como sendo um tipo de E3 (Figura 14.1).

Figura 14.1. Esquema do processo de ubiquitinação. Três enzimas estão normalmente envolvidas nesse processo: E1, E2 e E3. A ubiquitina (Ub, no esquema) é inicialmente ativada pela enzima E1 (mais ATP) que a transfere à E2 e esta à E3, que, por sua vez, transfere-a para a proteína-alvo, marcando-a para ser reconhecida pelo mecanismo de degradação. O processo repete-se *várias vezes produzindo frequentemente uma cadeia de ubiquitinas na proteína marcada que é dita, então, proteína poliubiquitinada.*

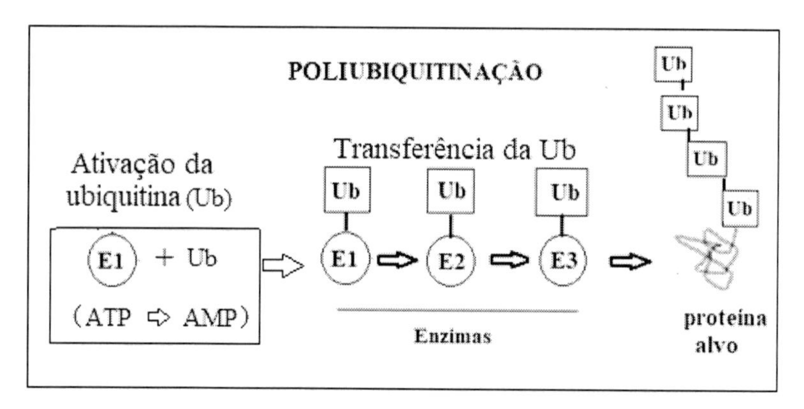

Assim, a ubiquitina liga-se aos resíduos de lisina presentes na proteína a ser degradada. Nesta, há sete desses resíduos que podem ser usados para ligar moléculas de UB, gerando diferentes combinações, dependendo de quantos resíduos são usados e quais as suas posições. Essas características (número e posição das lisinas ligadas pela UB) alteram o destino da proteína-alvo, dirigindo-a à degradação ou revertendo as modificações. Neste último caso (reversão), são usadas enzimas desubiquitinadoras (DUBs =*deubiquitinating enzymes*) presentes no proteassomo, que podem remover as ubiquitinas da proteína, isto é, as marcas de seu reconhecimento, causando sua dissociação do proteassomo e seu escape da degradação.

O *proteassomo*, que é a "máquina" utilizada na degradação proteica, é um complexo molecular formado por proteases que se organizam sob a forma cilíndrica, preservando um canal central (Figura 14.2). A forma mais comum dessa "máquina" de proteólise que, em geral, é considerada altamente complexa, é formada por uma partícula core de 20S e duas partículas ativadoras ou reguladoras (RPs) de 19S, formando a associação (19S-20S-19S), de 26S (coeficientes de sedimentação).

A partícula core é composta por quatro anéis sobrepostos (anéis $\alpha7$, $\beta7$, $\beta7$ e $\alpha7$), formando uma pequena pilha, cada um tendo sete proteínas individuais (CPs = *core proteins*). São, portanto, 28 subunidades no total. As subunidades dos dois anéis centrais da pilha são denominadas subunidades β (*beta*) e contêm de três a sete sítios *protease-ativos*, isto é, dotados da capacidade de degradar proteínas, localizados na sua superfície interna, isto é, no canal central. Três das sete subunidades β ($\beta1$, $\beta2$ e $\beta5$) realizam três atividades proteolíticas diferentes: atividade caspase-like ($\beta1$), atividade trypsina-like ($\beta2$) e atividade quimotripsina-like ($\beta5$). Os dois anéis externos do core, um superior e um inferior, são formados por sete subunidades α (*alfa*) cada um, e funcionam como "portões" através dos quais as proteínas devem passar para entrar e sair do proteassomo.

O acesso à estrutura 20S, que detém a atividade proteolítica, é bem regulada, exatamente para evitar descontrole da degradação proteica. No proteassomo 26S, que é encontrado no citossol, as partículas reguladoras 19S, associadas às extremidades da partícula core é que realizam essa atividade. Sua função é reconhecer as proteínas ubiquitinadas, isto é, marcadas para degradação, desubiquitinando-as e com auxílio da energia do ATP, desdobrando-as de modo a se tornarem linearizadas, antes de entrarem no core 20S. A estreiteza do orifício central do proteassomo faz com que só proteínas após o desdobramento e que não sejam muito volumosas possam utilizar essa via de degradação.

Figura 14.2. Esquema da organização estrutural e funcional do proteassomo 26S (associação19S-20S-19S). Observam-se os quatro anéis do core, sendo os dois *beta*, centrais, portadores da atividade enzimática que desdobra a proteína-alvo. A partícula reguladora (RP19S) fiscaliza a entrada da proteína, que é reconhecida pela presença das ubiquitinas, desubiquitina-a, desdobra-a e a conduz ao poro central do *core*. A proteína-alvo agora passa pela câmara enzimática ativa (os dois anéis *beta*) onde é degradada e o produto da degradação sai pela abertura da (RP19S) oposta à da entrada. Os produtos da degradação são liberados sob a forma de peptídios ou desdobrados em aminoácidos para serem reutilizados. As ubiquitinas, à esquerda superior do esquema, são produto da desubiquitinização realizada pela RP19S à entrada da proteína no poro central. As ubiquitinas também são reaproveitadas (adaptado de Molineau, 2011).

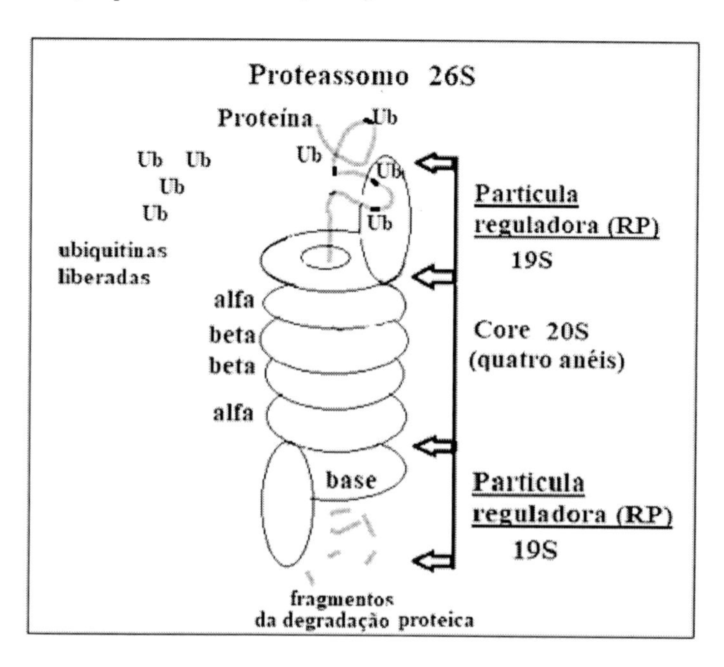

As partículas RP contêm 14 proteínas diferentes das do core. São compostas de ATPases e substâncias envolvidas no manejo da ubiquitina e nas demais atividades preparatórias da proteína para entrada no setor de degradação do proteassomo. Essa entrada das proteínas preparadas pela RP, no componente 20S, ocorre por translocação mecânica que as leva para degradação na câmara de proteases ativas. A proteína degradada sai pela outra extremidade do proteassomo sob a forma de peptídeos que são decompostos em aminoácidos no citoplasma, sob a ação das enzimas peptidases. Pode ocorrer que algumas proteínas sejam poupadas da degradação pela preservação da ubiquitinação, como foi mencionado.

Nos proteassomos podem ser encontradas outras formas de associação do core 20S com as partículas ativadoras, além da ligada a duas 19S (associação 19S-20S-19S), mostrada na Figura 14.2. O core pode ligar-se também a duas partículas ativadoras (ou reguladoras) 11S, formando a associação (11S-20S-11S) ou ainda pode formar uma associação mista (19S-20S-11S). A literatura ainda menciona proteassomos formados pelo core (20S) e uma só partícula reguladora (19S-20S ou 11S-20S) (Figura 14.3). Em todos os conjuntos, o core está presente obrigatoriamente por ele conter as subunidades catalíticas β nos dois anéis centrais. Discute-se ainda a possibilidade de proteassomos constituídos apenas pelo core.

Resultados recentes atribuem coeficiente de 30S para proteassomos portadores do core e duas partículas ativadoras 19S, sendo os de 26S constituídos de uma só dessas proteínas.

Figura 14.3. Outras formas estruturais de proteassomos: o híbrido, portador de arranjo 19S-20S-11S e o portador de duas partículas ativadoras 11S (associação 11S-20S-11S). Existe ainda a possibilidade de proteassomos portadores do core sozinho (20S), não apresentado na figura. A literatura também menciona proteassomos portadores do core e uma só partícula reguladora (19S-20S ou 11S-20S). Em todos os conjuntos, está presente obrigatoriamente o core por ele conter as subunidades catalíticas β.

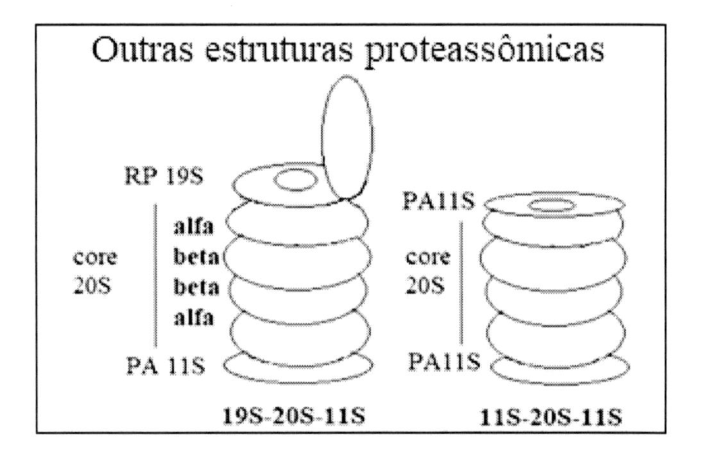

A degradação via maquinaria proteassômica desempenha importantes papéis na vida da célula, promovendo a regulação de uma variedade de funções. Pelo fato de ser responsável pela degradação de proteínas danificadas, mal dobradas ou não dobradas, influencia a maioria dos processos celulares, abrangendo o desenvolvimento, as vias de sinalização, a estrutura da cromatina, a endocitose, a apoptose, a função neuronal e a imunidade. A descoberta da degradação proteica mediada pela ubiquitina deu a seus autores (Avram Hershko, Aaron Ciechanover e Irwin Rose) o prêmio Nobel de Química, em 2004.

14.2.2 Via de degradação proteassômica independente de ubiquitinação

A maioria das proteínas celulares degradadas nos proteassomos 26S sofre o processo anterior de ubiquitinação para ser reconhecida naquele complexo, como já descrito. Porém há relatos de pesquisas indicando a existência de casos em que o proteassomo atua na degradação proteica independente de poliubiquitinação e sem consumo de ATP.

Há ainda alguma incerteza entre os pesquisadores quanto à real existência desse processo, porque a maioria das observações foi feita *in vitro*. Um caso considerado a primeira evidência *in vivo* da ocorrência do processo, refere-se aos genes supressores de tumor p53 e p73. Em sua regulação foram encontrados os dois tipos de degradação proteassômica, com e sem cadeia de ubiquitina. A via independente da ubiquitina utilizaria o proteassomo 20S em vez do 26S, isto é, utilizaria um proteassomo formado apenas pelo core. As observações indicaram que essa via é regulada por NQO1 e pelo nível de NADH. A NQO1 é uma redutase da quinona dos mamíferos, geradora de NAD (nicotinamida adenina dinucleotide oxi-redutase da quinona), um cofator central no metabolismo, que existe sob duas formas: oxidada (NAD) e reduzida (NADH). A NQO1 interage fisicamente com p53 e p73, protegendo-as da ubiquitinação. O trabalho (está incluído na bibliografia) fornece dados da degradação de p53 e p73 pelo proteassomo 20S regulado pela NQO1 e nível de NADH, sugerindo que NQO1 funciona, nesse caso, como um "portão" de entrada nos proteassomos 20S.

Tem-se verificado também que proteínas que contêm regiões desestruturadas podem ser degradadas pela via independente de ubiquitinação. Além de p53 e p73, várias proteínas celulares que possuem essas regiões não estruturadas, mal dobradas e altamente oxidadas são degradadas pelo proteassomo 20S através da via independente da ubiquitina. Calcula-se que isso possa ocorrer com mais de 30% do total de proteínas celulares possuidoras de problemas estruturais.

Que existe um processo intracelular de degradação de proteínas independente de ubiquitina já é um fato conhecido por muitos autores. Segundo eles, porém, o problema é ter certeza de como isso acontece. Por exemplo, o proteassomo 20S tem normalmente o canal fechado. Ele só abre quando a partícula reguladora 19S se liga a ele. Como isso seria resolvido na degradação mediada pelo 20S? A continuidade das pesquisas deverá resolver o impasse.

14.2.3 A via lisossomo – proteólise

Outra via importante de degradação da proteína, nos eucariotos, é a que envolve a atuação dos lisossomos. Seu papel é fundamental na degradação e reciclagem de material extracelular e na manutenção da homeostase, isto é, da estabilidade interna celular. A célula, para funcionar adequadamente, necessita que cada elemento de sua estrutura seja ajustado.

Os lisossomos são organoides (ou organelas) citoplasmáticos dotados de pH adequado para atuação de enzimas digestivas, no caso, hidrolases, que desdobram não só proteínas, mas também outros polímeros como ácidos nucleicos, polissacarídeos, lipídios etc. Essas enzimas são sintetizadas no retículo endoplasmático rugoso, exportadas para o aparelho de Golgi e, deste, levadas aos lisossomos em pequenas vesículas que se fundem com as vesículas maiores, acídicas. O pH ácido em que as enzimas atuam no interior do lisossomo difere do pH básico do citoplasma, de modo, que mesmo havendo ruptura da membrana do lisossomo, não devem ocorrer degradações indesejáveis.

A degradação pelos lisossomos exige, portanto, que os materiais que sofrerão o processo entrem em contato com seu conteúdo, por meio de sua união com uma vesícula na qual estejam contidos os referidos materiais. Para isso, os lisossomos funcionam de duas formas básicas: por *endocitose*, para degradar material extracelular, e por *autofagia*, para degradar material intracelular. Há três tipos de endocitose: *pinocitose*, *fagocitose*, e *endocitose mediada por receptores de membrana*. A *pinocitose* (*pino=beber*) refere-se à ingestão de partículas dissolvidas em água, como polissacarídeos e proteínas. A *fagocitose* refere-se ao englobamento, pela célula, de partículas maiores e sólidas, como bactérias ou protozoários, enquanto na *endocitose* mediada por receptores da membrana, as partículas a serem englobadas ligam-se, de forma específica, a essas estruturas presentes na membrana plasmática, antes de serem englobadas pela célula.

A Figura 14.4 mostra um esquema do processo de *endocitose mediada por receptor de membrana*, que é comum também à fagocitose e à pinocitose. Após a degradação, o produto resultante é eliminado da célula por um processo oposto ao da entrada, que é denominado *exocitose*. A entrada de partículas para degradação e a eliminação do produto degradado envolvem gasto de energia, sob a forma de ATP.

Figura 14.4. Esquema de parte de uma célula para observar a endocitose (A). O material a ser degradado liga-se a um receptor da membrana celular e é englobado em uma vesícula formada por invaginação da mesma, que o leva ao interior da célula. No citoplasma, essa vesícula (endossomo) funde-se com um lisossomo, que é portador de enzimas digestivas, formando o endolisossomo, no interior do qual ocorre a degradação. Após a degradação, o endolisossomo funde-se com a membrana celular e o produto da degradação é levado ao exterior da célula, por um processo denominado exocitose (B), que é o oposto da endocitose.

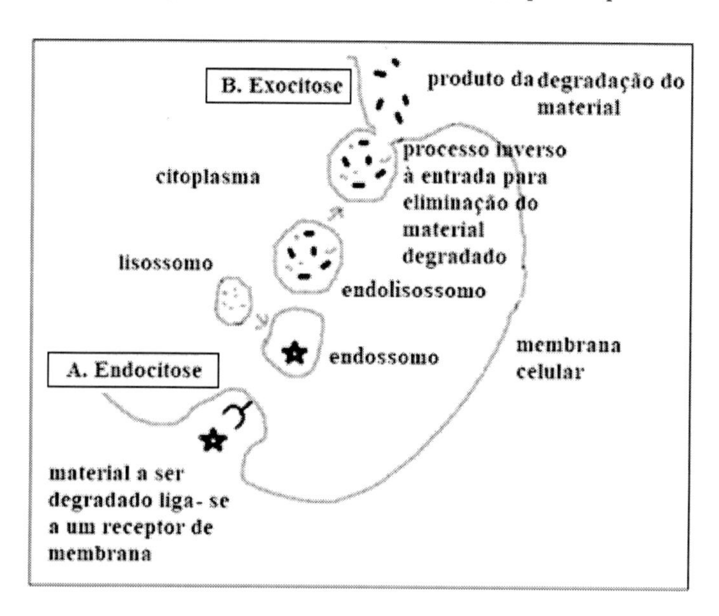

No caso da autofagia, são degradados e reciclados componentes do citossol e organelas celulares danificadas, visando à manutenção da homeostase celular, já mencionada.

Na degradação das proteínas celulares anormais, especialmente as mal dobradas e os agregados, que elas tendem a formar, estão envolvidos proteassomos e lisossomos. Na degradação pelos lisossomos, o transporte para o interior dessas organelas é feito por endocitose ou autofagia. As proteínas-alvo, no interior dos lisossomos, são degradadas por proteases (hidrolases) denominadas catepsinas, produzindo aminoácidos reutilizáveis pela célula.

Vimos no Capítulo 13 que as proteínas da família *heat shock*, também denominadas chaperonas, estão envolvidas no processo de maturação das proteínas através de sua ação catalisadora, no sentido de um dobramento correto das mesmas. A ausência dessas proteínas estabilizadoras ou a exposição das proteínas, a condições de estresse, como calor, oxidação e alterações do pH, antes de finalizar o dobramento, podem levá-las ao dobramento anormal e à formação de agregados amiloides. Esses agregados podem ter graves consequências à saúde humana pela produção de doenças neurodegenerativas como Alzheimer, Mal de Parkinson e outras, no conjunto denominadas amiloidoses.

As proteínas *heat shock* também atuam nas condições de dobramento anormal de outras proteínas, para degradá-las. Proteínas mal dobradas, componentes da membrana celular, são identificadas pela proteína CHIP, de interação *heat shock 70* (*CHIP=heat shock interacting protein*). CHIP recruta a ligase da ubiquitina E3 que ubiquitiniza essas proteínas que devem ser degradadas, fazendo com que sejam endocitadas, formando endossomos que as levam ao interior do lisossomo (Figura 14.5).

Figura 14.5. Esquema mostrando aspectos básicos do processo de degradação de uma proteína da membrana plasmática, dotada de dobramento anormal. A proteína é ubiquitinizada pela ação da proteína heat shock CHIP, que recruta a enzima E3, e endocitada, processo em que é envolvida por membrana, formando o endossomo que se funde com o lisossomo originando o endolisossomo, no interior do qual a proteína é degradada.

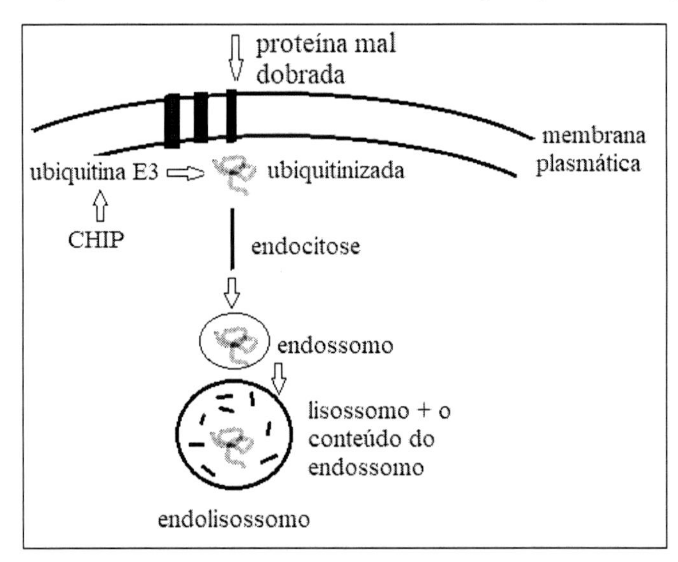

As proteínas citoplasmáticas, por sua vez, são conduzidas ao interior dos lisossomos por autofagia, utilizando uma de três vias: a CMA (*chaperone-mediated autophagy*), a macroautofagia e a microautofagia, sendo as duas primeiras consideradas muito importantes, mas a terceira ainda é pouco conhecida. A macroautofagia encapsula material citoplasmático, como macromoléculas e organelas inteiras, formando vesículas que se fundem com os lisossomos e são denominadas *autofagossomos*, no inteiror dos quais são degradadas.

14.3 Degradação proteica e patologia

A degradação proteica é essencial para a realização adequada de muitos processos celulares uma vez que ela elimina proteínas mal dobradas ou danificadas. Sem essa atividade, essas proteínas podem causar funcionamento inadequado dos processos em que estão envolvidas, gerando estados mórbidos. Já se sabe que esses estados incluem doenças tumorigênicas, neurodegenerativas, imunológicas, inflamatórias e outras mais.

Várias dessas doenças foram relacionadas com falhas e distúrbios dos mecanismos de ambas as vias de degradação (proteassomos e lisossomos). Na via ubiquitina- proteassomo, por exemplo, a mutação no gene responsável pela síntese da enzima E3, envolvida na ubiquitinação, causa uma doença neurológica complexa denominada Síndrome de Angelman. Outra doença causada é a Síndrome de Liddlere, um dos sintomas da qual é pressão alta devida à retenção dos canais de sódio na membrana celular resultante da ubiquitinação insuficiente dos mesmos. A infecção pelo papilomavírus humano (HPV) e o câncer colo-retal estão também envolvidos com distúrbios da ubiquitinação.

A ciência tem conseguido desenvolver formas de conter alguns dos estados mórbidos causados por essas disfunções. Os próprios mecanismos de degradação das proteínas, presentes naturalmente nas células, têm sido utilizados, de forma seletiva, para regular diretamente o nível de proteínas relacionadas com diversas doenças. Tanto o sistema lisossômico, como a via proteassômica de degradação, têm demonstrado serem formas de abordagem promissoras para esse fim. Ambos têm ajudado a aliviar doenças neurodegenerativas como o Alzheimer. Essa doença é caracterizada pela presença dos agregados proteicos (placas senis) e de nós irregulares da matéria cerebral (emaranhados neurofibrilares), nos quais a ubiquitina está presente. A inibição de uma enzima desubiquilante (USP14) aumenta a atividade do proteassomo por liberação da ubiquitinização fazendo com que a degradação de proteínas aberrantes seja acelerada.

Algumas drogas utilizadas como inibidores de proteassomos para fins clínicos já foram aprovadas, há algum tempo, pelo FDA[2] (Bortezomib, Carfilzomib e Ixazomib) e parecem estar ainda em uso, mas os especialistas na área consideram que o potencial para desenvolver outras ainda é grande e é necessário que isso seja feito. Com as drogas disponíveis, foi obtido sucesso no tratamento de muitas doenças como doenças malignas do sangue, outras formas de câncer, doenças imunológicas, neurológicas, tratamento de pacientes transplantados, terapêutica em doenças cardíacas, encefalite, doença óssea e outras. Mas, segundo os autores, o progresso dessa área de combate às doenças ligadas aos proteassomos está na dependência de maiores estudos que gerem conhecimentos mais profundos sobre seus mecanismos de funcionamento.

Com relação à via de degradação dos lisossomos, um aspecto importante é que, da mesma forma que a via ubiquitina, ela constitui um mecanismo através do qual é possível degradar proteínas causadoras de doenças e pode ser também abordada para descoberta de novos medicamentos. No que se refere ao funcionamento geral dessa via, que envolve a reciclagem de substâncias e estruturas, muitos problemas são decorrentes da ausência ou insuficiência de alguma ou algumas das enzimas específicas que os lisossomos devem conter. Isso gera o acúmulo, especialmente de moléculas orgânicas, nos lisossomos, resultando em morte celular e manifestações clínicas progressivas no sistema nervoso central, baço, fígado, esqueleto e nos sistemas oftálmico, cardiovascular e respiratório. As doenças devidas à ausência ou ao mau funcionamento de alguma enzima do lisossomo são denominadas *doenças do estoque lisossômico* (LSD) ou *erros inatos do metabolismo*. É mais conhecida, entre elas, a *doença de Gaucher*, que é devida à deficiência da enzima *glucocerebrosidase*, levando ao acúmulo de glucoceramidas que afetam principalmente os glóbulos brancos, que, por sua vez, afetam rins, fígado, pulmões, cérebro e medula óssea. Também, nesse caso, a manipulação farmacológica das substâncias de degradação proteica dos lisossomos pode levar à redução dos problemas hoje existentes.

[2] *Food and Drug Administration* (Agência Federal Americana para Administração de Alimentos e Medicamentos).

14.4 Comentário

Quando proteínas já utilizadas em determinada fase da vida celular não são mais necessárias, devem ser eliminadas para dar lugar às que agora são. Essa é uma questão muito importante, que envolve a capacidade de armazenamento celular, tendo em vista que a quantidade das proteínas necessárias para realizar todos os processos que nela ocorrem ultrapassa em muito o espaço disponível. A célula dispõe de mecanismos especiais para essa atividade, bem como para eliminar proteínas defeituosas, como as mal dobradas, por exemplo, que colocam em risco a saúde de quem as transporta. É mais uma atividade dos mecanismos de regulação voltados para a proteção da célula e do organismo e cuja aplicação já está obtendo sucesso na área médica.

14.5 Referências

CAO, Y.; ZHU, H.; HE, R. *et al.* Proteasome, a Promising Therapeutic Target for Multiple Diseases Beyond Cancer. *Drug Design, Development and Therapy*, n. 14, p. 4327-4342, 2020. Disponível em: https://doi.org/10.2147/DDDT.S265793. Acesso em: 2 nov. 2023.

MOLINEAUX, S. M. Molecular Pathways: targeting proteasomal protein degradation in cancer. *Clin Cancer Res.*, v. 18, n. 1, p. 1-6, 2011. Disponível em: DOI: 10.1158/1078-0432.CCR-11-0853. Acesso em: 2 fev. 2024.

TIANIL, Z.; CHUANYANG, L.; WENYING, L. *et al.* Targeted protein degradation in mammalian cells: A promising avenue toward future. *Comput Struct Biotechnol J.*, v. 20, p. 5477-5489, 2022. Disponível em: https://doi.org/10.1016/j.csbj.2022.09.038. Acesso em: 2 nov. 2023.

WIKIPEDIA. The Free Encyclopedia. *Proteasome*. Editado em 21 out. 2023. Disponível em: https://en.wikipedia.org/wiki/Proteasome. Acesso em: 2 nov. 2023.

ZHAO, L.; ZHAO, J.; ZHONG, K. *et al.* Targeted protein degradation: mechanisms, strategies and application. Free full text. *Signal Transduct Target Ther*, v. 7, n. 1, p. 113, 2022. Disponível em: https://doi.org/10.1038/s41392-022-00966-4. Acesso em: 2 nov. 2023.

Capítulo 15

A FUNÇÃO REGULADORA DOS RNAs NÃO CODIFICADORES ("AVENTURAS" DOS ncRNAs NA VIDA CELULAR)

15.1 Introdução

O RNA é uma molécula-chave no repertório da célula, onde desempenha uma ampla gama de funções, atuando em diferentes formatos. Nós já o focalizamos nestes textos, principalmente por sua atividade na tradução, da qual resultam as proteínas. Nesse processo, o RNA serve como molde, sob a forma de RNA m, e serve como executor do processo, sob as formas de RNA r e RNA t. Mas sua atividade na vida celular não para por aí. Nem as formas pelas quais se apresenta.

Todas as formas de RNA existentes nas células são cópias de sequências gênicas, produzidas por transcrição. Há dois tipos básicos de RNAs que são copiados de genes conhecidos como genes codificadores e genes não codificadores. O primeiro tipo é o RNA m, que é traduzido em proteína, e o segundo tem outros envolvimentos funcionais entre os quais se destaca o controle da atividade genética.

A capacidade do RNA de exercer essa sua multifuncionalidade decorre do fato de que ele pode se ligar a outro DNA ou outro RNA, utilizando a complementariedade das bases nitrogenadas que os compõem, e de se ligar, também, a proteínas e moléculas pequenas. Tem ainda a capacidade especial de agir como enzima, catalisando reações químicas, caso em que o RNA é denominado ribozima.

No que se refere à regulação gênica, o RNA age no desenvolvimento, na diferenciação celular e na variação das exigências do meio. Somando-se sua atuação vital na síntese proteica, no controle desses processos também fundamentais e ainda sua atividade enzimática, conclui-se que, de fato, o RNA é uma molécula extraordinária que se relaciona amplamente com as atividades celulares.

15.2 Classificação dos RNAs

Já mencionamos que a capacidade de ser ou não ser traduzido em proteína é a primeira forma de classificar os tipos de RNA que são, respectivamente, denominados RNAs codificadores (cRNAs) e RNAs não codificadores (ncRNAs). Estes últimos se apresentam de muitas formas e são envolvidos em diferentes funções. O Quadro 15.1 permite acompanhar as subdivisões dos tipos mais facilmente.

Figura 15.1. Classificação das formas de RNA. Inclui o RNA codificador e os subtipos dos não codificadores.

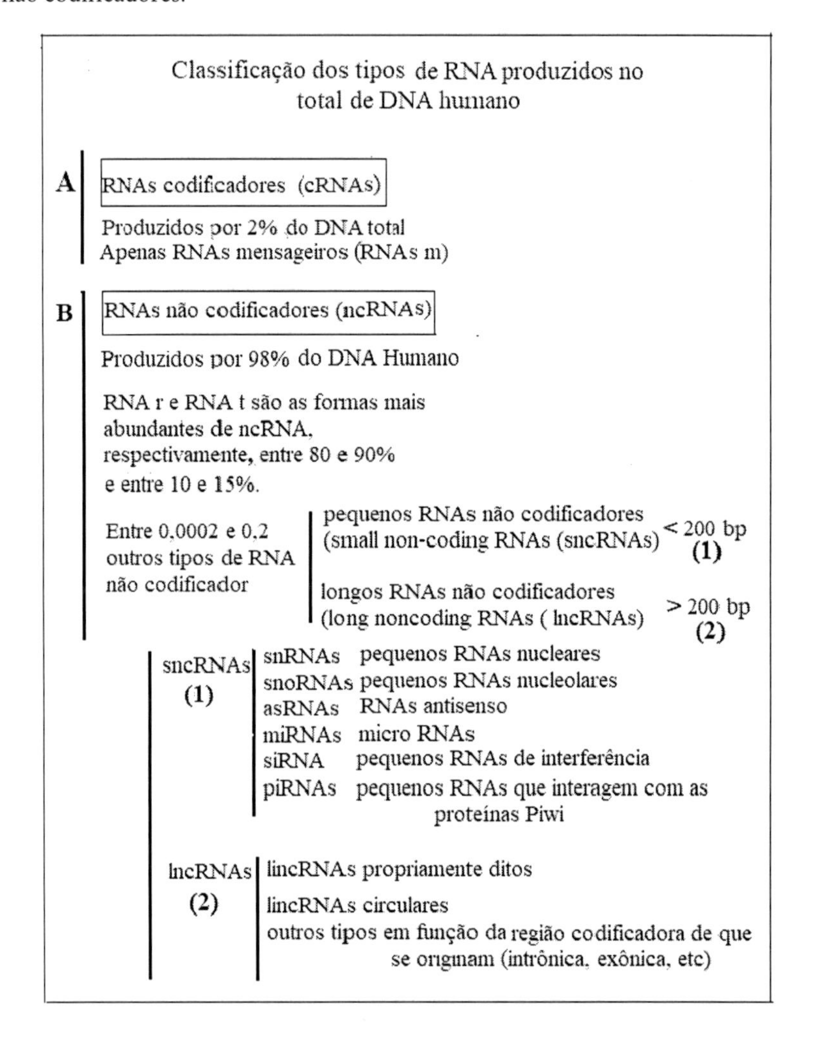

Cerca de 98% do total de DNA do genoma humano produz os ncRNAs. Já os cRNAs, que dão origem a todas as proteínas celulares e abrangem exclusivamente os RNAs mensageiros (RNAs m), são produzidos apenas pelos cerca de 2% restantes, constituído por em torno de 20.000 genes.

Os RNAs ribossômicos e transportadores (RNAs r e RNAs t), que atuam juntamente com o RNA m para produzir as proteínas, fazem parte dos RNAs não codificadores. Eles são os RNAs mais abundantes no total dessa classe de ncRNAs presentes em uma célula de eucarioto, constituindo entre 80% e 90% (RNA r) e entre 10% e 15% (RNA t). O restante dos ncRNAs contidos nessa célula, corresponde a entre 0,0002 e 0,2% e nessa pequena porcentagem estão incluídos vários outros tipos desses RNAs.

Excluindo os RNAs ribossômico e transportador, os demais ncRNAs são classificados em dois tipos:

1. pequenos RNAs não codificadores (*small non coding RNAs*- sncRNA), cujo filamento apresenta menos de 200 bases nitrogenadas; e
2. longos RNAs não codificadores, os lncRNAs (*long non coding RNAs*), em cujo comprimento há mais de 200 bases.

Por sua vez, ambos os tipos de ncRNA, pequenos ou longos, são compostos por diferentes subtipos. Entre os pequenos RNAs não codificadores, incluem-se: os pequenos RNAs nucleares (snRNAs), os pequenos RNAs nucleolares (snoRNAs), os RNAs antisenso (asRNAs), os microRNAs (miRNAs), os pequenos RNAs de interferência (siRNAs) e os pequenos RNAs que interagem com as proteínas Piwi (piRNAs).

Os grandes RNAs não codificadores IncRNAs incluem os lnc RNA propriamente ditos e os RNAS circulares (lincRNAs). Os lncRNAs são ainda diferenciados em classes com base nas regiões codificadoras de que derivam, que são várias, como os **éxons**, os **íntrons**, as regiões intergênicas (espaços entre genes), os ativadores (*enhancers*) e outras, recebendo, respectivamente, os nomes lncRNA exônicos, lncRNAs intrônicos, lncRNAs intergênicos, lncRNAs enhancers e ainda senso, antisenso e bidirectional. Os três últimos têm origem mais complexa. Também podem ser classificados de acordo com seu mecanismo molecular de ação, como ativadores e repressores.

Todos os RNAs não codificadores (ncRNAs) são, da mesma forma que os RNAs m, moléculas unifilamentares formadas por polímeros de quatro nucleotídeos: adenina, citosina, guanina e uracila.

Entre todos os tipos de RNA não codificadores, os mais bem conhecidos quanto à sua estrutura e função são os RNAs r e os RNAs t. Ambos, bem como o RNA m, que é o RNA codificador, já foram descritos, em capítulos anteriores deste texto, quanto à sua constituição e funcionamento. Os miRNAs, siRNAs e piRNAs, devido à sua função especial de interferência silenciadora gênica, serão tratados no próximo capítulo.

Vamos neste capítulo apresentar algumas informações básicas sobre os demais tipos de ncRNAs mencionados. Estes RNAs ainda demandam amplo estudo.

15.3 Dados gerais sobre os pequenos RNAs não codificadores (sncRNAs)

À medida que o conhecimento dos *pequenos RNAs não codificadores* tem avançado, tem crescido a visão da abrangência de sua atividade reguladora. Esta se dá tanto em nível de transcrição como de pós-transcrição, do que decorre sua influência sobre muitos fenômenos biológicos. Faz parte de suas funções uma atuação significativa na formação da heterocromatina, na modificação das histonas, na metilação do DNA e no silenciamento gênico; uma atividade no total considerada intensa e surpreendente.

Os pequenos ncRNAs são caracterizados por grande versatilidade bioquímica, podendo dobrar-se, formando estruturas complexas e interagir com proteínas, DNA e outros RNAs, do que resulta a atividade variada e a participação em complexos multiproteicos.

15.3.1 Os snRNAs (pequenos RNAs não codificadores nucleares)

Os pequenos RNAs nucleares (snRNAs), como o próprio nome indica, estão presentes no núcleo, constituindo uma classe abundante de RNAs. Seu tamanho médio é de 150 nt. São transcritos pelas RNA polimerases II e III. Associam-se a proteínas específicas, formando complexos denominados *pequenas ribonucleoproteinas nucleares* (snRNPs- lê-se snârps). Os snRNAs são ricos em uridina e, como já vimos em capítulo anterior, são componentes fundamentais do *spliceossomo*, uma estrutura que atua no processo de maturação do mRNA precursor, catalisando o seu *splicing*. Nesse contexto, os snRNPs do spliceossomo e fatores de *splicing* reconhecem e interagem com as sequências de consenso dos íntrons do pré-mRNA, facilitando as reações de transesterificação de que resultam sua eliminação da molécula.

15.3.2 Os snoRNAs (pequenos RNAs não codificadores nucleolares)

Os pequenos RNAs nucleolares (snoRNAs), também como indicado por seu próprio nome, ocorrem no núcleo, acumulando-se primariamente no nucléolo das células de eucariotos. O tamanho de seu filamento varia entre 60 e 300 nt. Nos vertebrados, os snoRNAs são codificados nos íntrons que ocorrem nos genes codificadores e não codificadores de proteínas, sendo um pequeno número transcrito pela RNA polimerase I. São atribuídas muitas funções aos snoRNAs. A participação no processamento do RNA r parece ser a predominante. Os snoRNAs promovem metilação e psedouridilação, principalmente em regiões do rRNA, tRNAs e snRNAs que estão presentes em muitas espécies de RNA e têm muitas funções na regulação total e no controle fino da expressão gênica.

15.3.3 Os asRNAs (pequenos RNAs não codificadores antisenso)

Os pequenos RNAs não codificadores antisenso, que ocorrem naturalmente em procariotos e eucariotos, são pequenos transcritos de filamento único, com 19 a 23 nt de comprimento, que pareiam com RNAs m-alvos, em regiões específicas de complementaridade. Os RNAs antisenso desempenham um papel fundamental na regulação gênica em vários níveis, como na replicação, na transcrição, tradução e na estabilidade do RNA e proteínas. Além disso, podem ser produzidos em laboratório e sob essa forma ser usados para regular a expressão de genes específicos. Segundo se considera, esse fato fez emergir um campo especial de pesquisa para o entendimento e a aplicação dos RNAs antisenso no controle da expressão gênica.

Em plantas, os asRNAs têm múltiplas aplicações, incluindo a inibição da maturação dos frutos, da resistência de vírus, coloração de flores, síntese de amido, fertilidade e esterilidade masculina. Têm também um papel importante no bloqueio da expressão de genes produtores de substâncias nocivas nos alimentos.

15.3.4 Os lncRNAs (RNAs não codificadores longos)

Os lncRNAs formam um conjunto grande, muito heterogêneo, que difere quanto à sua biogênese e origem genômica. Seu filamento apresenta, frequentemente, entre 200 e 1000 nt. Constituem uma parte considerável do transcriptoma não codificador dos mamíferos. São considerados portadores das moléculas de RNA menos conservadas. O levantamento realizado em bancos de dados e outras fontes, feito em 2018, revelou a notável soma de 270.044 transcritos diferentes de lncRNA existentes em humanos.

Os lncRNAs podem ser transcritos a partir do DNA m e também a partir de DNA não codificador. São na maioria dotados de quepe e cauda poli (A) e sofrem *splicing* similarmente ao RNA m. Muitos têm ORF que é traduzida em peptídios.

Os lncRNAs estão envolvidos de forma importante na regulação gênica. Eles parecem ser reguladores fundamentais de várias funções celulares. Esses efeitos ocorrem por meio da regulação da expressão dos genes-alvo pelas vias transcricional, pós-transcricional e epigenéticas (estas últimas serão estudadas neste texto, em um próximo capítulo). No nível epigenético, um exemplo é a ação do lncRNA Hotair, envolvido com a metilação e a desmetilação da histona, e o lnc XIST que desempenha um papel muito importante na inativação do cromossomo X.

Os IncRNAs podem ser lineares ou circulares. Os RNA circulares são moléculas filamentares que se caracterizam por ter as extremidades 3' e 5' ligadas. Ocorrem desde os vírus até os mamíferos. São de conhecimento recente, de modo que ainda demandam muitos estudos, embora já se saiba que exercem importantes funções biológicas, especialmente reguladoras da transcrição. Muitos deles sintetizam proteínas.

15.4 ncRNAs e patologia

Durante muito tempo, entre os RNAs, apenas o RNA m despertou interesse para ser tema de pesquisa. Os RNAs não codificadores eram considerados de menor significado biológico. Tanto é que no passado não muito distante, o DNA que produz os RNAs não codificadores chegou a ser denominado, por alguns pesquisadores, DNA-lixo (*junk DNA*). Hoje, os ncRNAs derivados desse DNA "lixo" constituem o principal foco de uma grande parte das pesquisas em regulação gênica para as quais são considerados uma preciosa fonte de informações. E mais, hoje constituem ferramentas muito importantes na área médica.

Destaca-se esse envolvimento dos RNAs não codificadores na área médica, tendo em vista que eles estão relacionados com várias doenças humanas, de modo especial com o câncer. Contudo os mecanismos que eles utilizam têm feito com que sejam considerados alvos promissores para o diagnóstico, a terapêutica e o desenvolvimento de uma medicina personalizada.

Com relação aos snoRNAs, um dos subtipos dos RNAs não codificadores, há evidência de que mutações apresentadas por eles e outras formas de alteração de sua expressão normal estão envolvidas em processos celulares patológicos, incluindo a tumorigênese e a metástase. Entre eles, porém, existem também supressores de tumor.

Outro subtipo, os RNAs antisenso (asRNA) estão bastante relacionados a quadros patogênicos. Sua expressão anormal está associada, principalmente, à origem e ao desenvolvimento de vários tipos de câncer. Podem promover ou inibir a carcinogêse. Como já foi mencionado, os RNAs antisenso (asRNA) podem ser produzidos em laboratório, apresentando um amplo uso como ferramenta de pesquisa para desligamento gênico. Os asRNAs artificiais podem regular com eficiência a expressão de genes complementares nas células hospedeiras, prestando-se assim a aplicações terapêuticas.

Alterações da expressão desses RNAs também mostram seu envolvimento com várias doenças humanas degenerativas como Parkinson e Alzheimer. A expressão alterada dos genes lncRNAs está ainda envolvida com a estabilidade do telômero, a estrutura cromossômica terminal que é associada com o envelhecimento precoce.

Vários tipos de câncer estão também relacionados com a função alterada de lncRNAs, como os produzidos pelo gene H19, implicados na produção de câncer de mama, pulmão, cervical, bexiga e hepatocelular. A relação de problemas médicos causados por disfunção dos lncRNAs é grande. Entretanto os lncRNAs podem também atuar como supressores de tumor ou oncogenes.

Vimos que os IncRNAs podem também se apresentar sob a forma circular. As funções biológicas dos circRNAs, dadas pela sua estrutura especial, foram descobertas recentemente e, portanto, ainda permanecem grandemente desconhecidas, mas já se sabe que atuam como moduladores da atividade celular, atuando na tradução de genes ligados à carcinogênese e à apoptose de células tumorais. Além do câncer, os circRNAs estão correlacionados com outras doenças humanas, o que faz com que sejam considerados um novo tipo de biomarcador de doenças e uma classe de alvos terapêuticos inclusive para drogas anti-neoplásicas. Consta que foi projetado, recentemente, um circRNAs sintético, objetivando utilizá-lo em uma nova classe de terapias e na produção de vacinas de RNA m.

De modo geral, dado o conhecimento ainda incompleto dos mecanismos que envolvem a atuação dos ncRNA, especialmente os asRNAs e os IncRNAs e sua importância no contexto geral da expressão gênica e sua aplicação em diferentes áreas, supõe-se que esses RNAs permanecerão durante muito tempo como um dos principais objetivos de estudo por parte dos pesquisadores, especialmente nas áreas biológica e médica.

15.5 Comentário

Houve um tempo, não muito distante, em que os *RNAs não codificadores* (ncRNAs), isto é, os que não produzem proteína, foram considerados componentes celulares inúteis. A evolução do conhecimento mostrou, porém, sua enorme importância. Os RNAs produzidos pelos genes não codificadores, hoje, são o foco de grande parte das pesquisas na área dos MRGs. Eles são de vários tipos, têm origens diferentes, atuam de formas diferentes e podem ser causa de doenças graves, como Parkinson, Alzheimer e câncer, mas ao mesmo tempo são relevantes pela sua potencialidade como biomarcadores e agentes no tratamento de câncer e outras afecções.

15.6 Referências

DHANOA, J. K.; SETHI, R. S.; VERMA, R. *et al.* Long non-coding RNA: its evolutionary relics and biological implications in mammals: a review. *J Anim Sci Technol*, v. 60, n. 25, 2018. Disponível em: https://doi.org/10.1186/s40781-018-0183-7. Acesso em: 5 nov. 2023.

GENG, X. *et al.* Circular RNA: biogenesis, degradation, functions and potential roles in mediating resistance to anticarcinogens. *Epigenomics*, v. 12, n. 3, 2019. Disponível em: https://doi.org/10.2217/epi-2019-0295. Acesso em: 24 abr. 2024.

QIN, T.; LI, J.; ZHANG, K.-Q. Structure, Regulation, and Function of Linear and Circular Long Non-Coding RNAs. *Front. Genet.*, v. 11, 2020. Disponível em: https://doi.org/10.3389/fgene.2020.00150. Acesso em: 5 nov. 2023.

TANG, S. *et al.* Emerging roles of circular RNAs in the invasion and metastasis of head and neck cancer: Possible functions and mechanisms. *Cancer Innovation*, v. 2, n. 6, p. 463-487, 2023. Disponível em: https://doi.org/10.1002/cai2.50. Acesso em: 24 abr. 2024.

XU, J.-Z.; ZHANG, J.-L.; ZHANG, W.-G. Antisense RNA: the new favorite in genetic research*. J Zhejiang. *Univ Sci B.*, v. 19, n. 10, p. 739-749, 2018. Disponível em: https://doi.org/10.1631/jzus.B1700594. Acesso em: 5 nov. 2023.

YU, C.-Y.; KUO, H.-C. The emerging roles and functions of circular RNAs and their generation . *J Biomed Sci.*, v. 26, n. 29, 2019. Disponível em: DOI: 10.1186/s12929-019-0523-z. Acesso em: 24 abr. 2024.

WIKIPEDIA. The Free Encyclopedia. *Non-coding RNA*. Disponível em: https://en.wikipedia.org/wiki/Non-coding_RNA. Acesso em: 5 nov. 2023.

ZHANG, P.; WU, W.; CHEN, Q.; CHEN, M. Non-Coding RNAs and their Integrated Networks. *J Integr Bioinform.*, v. 16, n. 3, 2019. Disponível em: https://doi.org/10.1515/jib-2019-0027. Acesso em: 5 nov. 2023.

Capítulo 16

REGULAÇÃO GÊNICA MEDIADA POR INTERFERÊNCIA DO RNA (RNA i) (GENES EM SILÊNCIO)

16.1 Introdução

Vimos que o DNA, a partir do qual se obtém, nos eucariotos, o RNA m, o RNA t e o RNAr, os três envolvidos na tradução, produz também outros tipos de RNA. Entre eles, incluem-se os RNAs precursores de três classes de pequenas moléculas de RNAs não codificadores a que já nos referimos no capítulo anterior, denominados miRNAs (*microRNAs*), siRNAs (*small interfering RNAs*=pequenos RNAs de interferência) e piRNAs (*piwi-interacting RNAs*=RNAs de interação piwi).

Esses pequenos RNAs *não codificadores*, isto é, que não geram proteína, mostraram desempenhar uma importante função na regulação gênica, denominada *Interferência do RNA*. Essa função é devida à capacidade deles de se ligar a RNAs m específicos por pareamento RNA/RNA e, assim, interferir na atividade dos RNAs aos quais se ligam. Como essa interferência geralmente causa inibição da expressão gênica, seus mecanismos têm sido coletivamente denominados *silenciamento do RNA*.

O silenciamento do RNA pode ocorrer de duas formas quanto ao que acontece com a molécula de RNA-alvo, à qual os pequenos RNAs de interferência se associam: (1) destruição da molécula ou (2) bloqueio da sua tradução.

A importância do processo pode ser medida pelo fato de que o mecanismo básico de funcionamento da interferência do RNA, descrito em um trabalho publicado em 1998, por Andrew Fire e Craig C. Mello, valeu a esses autores a obtenção do prêmio Nobel de Fisiologia e Medicina de 2006.

16.2 O conhecimento da interferência do RNA e seu impacto

A evolução do conhecimento mostrou que o silêncio gênico causado pela atividade dos RNAs de interferência tem uma ampla participação no processo de desenvolvimento dos organismos e no controle das funções celulares. A regulação realizada por esses pequenos RNAs é exercida sobre genes cuja expressão está relacionada com a estrutura cromatínica, a segregação cromossômica, a transcrição, o processamento, a estabilidade e a tradução do RNA m.

Normalmente, existem no genoma centenas de genes que codificam os pequenos RNAs i que, por serem portadores de código complementar aos RNAs m de outros genes, podem formar, com eles, uma estrutura dupla capaz de acionar o mecanismo de silenciamento gênico.

Além de controlar a função dos RNAs m, os RNAs de interferência atuam na defesa das células contra infecções virais e também controlam as sequências nucleotídicas móveis, denominadas transposons.

Por gerar maior facilidade metodológica no estudo da função gênica, a descoberta dos RNAs de interferência tem causado um desenvolvimento acentuado na biologia (com destaque para a biologia molecular do RNA), na medicina e na agricultura. No geral, a descoberta desse mecanismo originou um novo campo de pesquisa que tem permitido realizar, em laboratório, o silenciamento de muitos genes específicos de animais, plantas e humanos. Segundo alguns autores, o mundo científico está testemunhando e se extasiando com a existência de um mecanismo químico que, há alguns anos, seria inimaginável.

16.3 miRNAs, siRNAs e piRNAs: sua ação no silenciamento gênico

O avanço no estudo do RNAi mostrou que as três classes dos pequenos RNAs (miRNAs, siRNAs e piRNAs), envolvidas no processo, diferem quanto à origem e quanto aos mecanismos reguladores que utilizam. O processo denominado silenciamento gênico, em que eles atuam, ocorre por pareamento de bases entre eles e o mRNA-alvo e também por associação com redes reguladoras gênicas complexas. Disso, decorre o bloqueio ou a degradação do RNA m-alvo.

16.3.1 miRNAs e siRNAs

A comparação entre os três tipos de ncRNAs mostra que miRNA e siRNA são os que mais se assemelham quanto às características gerais, **à** estrutura e **à** função. Ambos são amplamente distribuídos, estando presentes em animais (inclusive no homem), vegetais e fungos. São pequenas moléculas de RNA de duplo filamento (dsRNA= *double strand RNA*), com cerca de 22 nt de comprimento, que se originam de moléculas precursoras de RNA também de dupla fita.

A diferença básica entre miRNA e siRNA está no fato de que o silenciamento, em miRNAs, atua sobre genes endógenos, isto é, sobre genes do próprio genoma dos organismos, enquanto os siRNAs agem sobre genes exógenos, estranhos ou invasores. Diz-se que os miRNAs são reguladores de RNAs m e os siRNAs são defensores do genoma, impedindo a ação de ácidos nucleicos originados de vírus e transposons.

Ambas as classes de RNA diferem também quanto à especificidade de ação: os siRNAs são altamente específicos, isto é, têm um único RNA m-alvo, enquanto os miRNAs têm muitos RNAs m-alvos e essa é uma característica importante.

Uma terceira diferença refere-se ao pareamento do RNA i com o RNA m-alvo, no silenciamento. Nos siRNAs, esse pareamento geralmente é completo. Já os miRNAs são parcialmene complementares com seus RNA m-alvos. O pareamento com o RNA m, mesmo imperfeito, acarreta a inibição traducional do alvo, sendo o mecanismo principal de atuação dos miRNAs em mamíferos.

Todas as células humanas expressam diversos miRNAs. Mais de 2.500 deles já foram descritos em humanos. Eles estão relacionados, praticamente, com todos os processos biológicos.

Informações quanto à origem molecular e ao mecanismo de silenciamento utilizados por miRNA e siRNA são apresentadas a seguir e podem ser acompanhadas através dos esquemas nas Figuras 16.1 e 16.2, as quais contêm um resumo de ambos os aspectos, em cada classe de RNAs.

Figura 16.1. Esquema da origem e do mecanismo envolvido na ação de miRNAs. No núcleo, temos o longo transcrito (pri-miRNA) com suas estruturas *hairpin* que são cortadas pela enzima Drosha (as setas apontam as quebras), formando os pré-miRNAs. Estes são enviados ao citoplasma pela exportina 5, onde o complexo DICER gera, a partir deles, os miRNAs maduros, de dupla fita. Os miRNAs maduros associam-se ao complexo silenciador RISC onde são separados em dois filamentos (passageiro e guia). Ainda no complexo RISC, o *filamento passageiro* é descartado e o *filamento guia* detecta o RNA m complementar e forma o duplo filamento. Ocorre então o silenciamento, por bloqueio da tradução ou por degradação do RNA m-alvo. O miRNA pode ter complementaridade total com o RNA m e ser silenciado, mas se houver clivagem, os fragmentos do RNA-alvo são degradados pelas vias normais (ver texto).

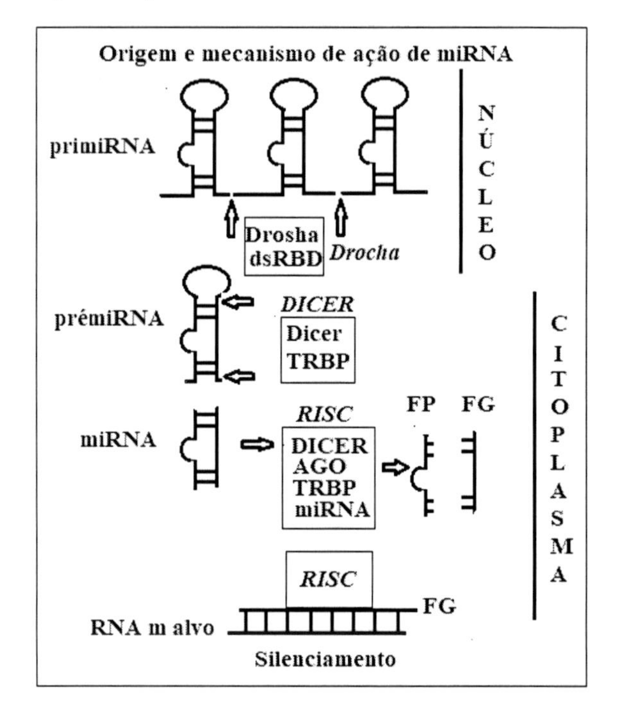

Figura 16.2. Esquema da origem e do mecanismo envolvido na ação de siRNAs. Os RNAs precursores dos siRNAs são longos e têm dupla fita com pareamento completo. São enviados ao citoplasma sem passar pelo complexo Drosha e são diretamente processados no complexo Dicer, originando os siRNAs maduros. Os segmentos processados passam a fazer parte do complexo RISC onde a enzima *Ago* separa os dois filamentos que os compõem: o filamento passageiro e o filamento guia. O filamento passageiro é descartado e o filamento guia dirige o RISC para o RNA m-alvo com o qual se pareia, bloqueando-o. O siRNA pode ter complementariedade total com o RNAm e este ser silenciado, mas se o pareamento não for completo, nesse caso, a via de degradação do siRNA é a mesma observada nos miRNAs (ver texto).

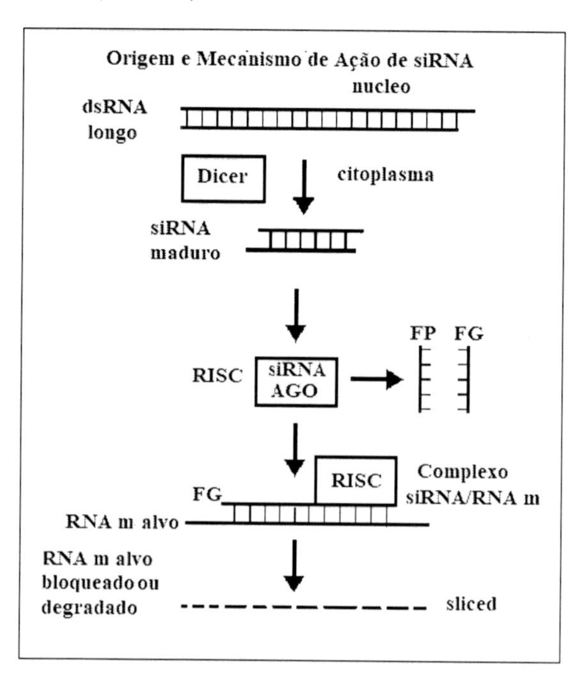

A molécula de RNA que origina os miRNAs (Figura 16.1) é um longo transcrito formado, basicamente, por sequências de bases palindrômicas, isto é, sequências de nucleotídeos que se apresentam duplicados, dispostos em ordem inversa e se emparelham gerando estruturas de duplo filamento, em forma de grampo de cabelo (*hairpin*). Portanto, no caso do miRNAs, ao longo da molécula primitiva, isto é, originária, que é denominada *pri-mi RNA*, ocorrem muitos *hairpins*, tendo, assim, partes pareadas e partes não pareadas.

Esse RNA precursor dos miRNAs (*pri-miRNA*), ainda no núcleo da célula, sofre clivagem inicial produzida por um complexo molecular que inclui uma endonuclease de sítio ativo dimérico denominada *Drosha*, que pertence à família RNase III, a qual catalisa o processamento com a ajuda de um cofator. Essa clivagem separa *os hairpins* do resto do transcrito, produzindo os *pré-miRNAs*, de 70 nt, que são exportados para o citoplasma pela ação do complexo Exportina-5.

No citoplasma, os pré-miRNAs ligam-se a um complexo proteico que contém a enzima nuclease *Dicer*, que os fragmenta, produzindo agora miRNAs maduros de duplo filamento, com aproximadamente 22 nt de comprimento. Essas nucleases, da mesma forma que as outras ribonucleases III, já mencionadas, são específicas para RNAs de dupla fita.

Nessa parte do processo que vai da molécula precursora até o miRNA e o siRNA maduros (Figura 16.2), as duas classes apresentam as seguintes diferenças: a molécula primitiva que originará os siRNAs é de duplo filamento, mas completamente pareados em sua extensão. E, contrariamente ao que ocorre com o miRNA, os precursores dos siRNAs são enviados diretamente ao citoplasma, sem passar pelo complexo *Drosha*.

No citoplasma, os processos igualam-se: da mesma forma que os miRNAs, os siRNAs são processados pelo complexo *Dicer*.

Depois da ação do complexo Dicer, os produtos maduros, que são portadores de dupla fita, tanto dos miRNAs como dos siRNAs, entram no complexo RISC (abreviação de *RNA-induced silent complex*). Esse complexo é formado por DICER, pela proteína TRBP (proteína de ligação ao RNA de dupla fita) e, como componente catalítico, um

membro da superfamília Argonauta (Ago) que, portanto, atua como endonuclease e interage diretamente com o miRNA ou o siRNA. Em contato com o complexo RISC, cada uma das moléculas de miRNA e de siRNA é separada em dois RNAs de filamento único chamados *filamento passageiro* e *filamento guia*, separação provavelmente catalisada por helicase.

Os membros da família de proteínas Argonauta são fundamentais para o funcionamento do complexo RISC. Eles ligam-se ao miRNA maduro e o guiam para interagir com o mRNA-alvo. O mesmo acontece com o siRNA.

O filamento passageiro de ambos os RNAs i é ejetado e o filamento guia passa a fazer parte do complexo RISC. Aparentemente, qualquer um dos dois filamentos pode ser retido e assim funcionar como guia.

O filamento passageiro dos siRNAs é degradado. Porém isso não acontece nos miRNAs, atribuindo-se o fato a uma possível influência dos despareamentos que ocorrem nos seus duplexes, os quais bloqueariam a clivagem pela Ago. O filamento guia é o efetor do silenciamento, isto é, ele vai detectar e parear com a molécula de RNA complementar, a ser silenciada, o RNA-alvo. O complexo RISC, assim ativo, pode marcar RNAs m que mostram complementaridade com o miRNA ou o siRNA, causando repressão da tradução ou clivagem pela atividade da endonuclease Ago, que é denominada atividade *Slicer* (fatiamento). Caso ocorra a clivagem, entram em cena as reações normais: a desadenilação, que faz a degradação na direção 3'>5', pelo complexo Ccr4-Caf1-NOT e o desquepe pelo complexo Dcp1/Dcp2. Após isso, ocorre a degradação pelo Xrn1 e pelo exossomo.

Estudos mostraram que a ação silenciadora dos siRNAs não está restrita à repressão pós-transcricional. Eles também realizam a repressão transcricional, induzindo a formação de heterocromatina, em animais e vegetais.

16.3.2 piRNAs

Os piRNAs (Piwi-interacting RNAs) constituem a classe mais numerosa entre os pequenos RNAs não codificadores presentes nas células animais, e seu comprimento está entre 26 e 31 nt ou entre 26 e33 nt, como consta em diferentes publicações. Sua função principal, já mencionada, é silenciar transposons e elementos repetitivos, tendo como consequência a preservação da integridade do genoma, nas células germinativas.

Os transposons, principal alvo dos piRNAs, são sequências de DNA existentes em todos os organismos e que, devido à sua habilidade de se mover para diferentes posições no genoma, podem causar dano, caso sejam inseridos em locais impróprios. No caso dos transposons que se expressam nas células germinativas, a consequência de sua propagação é a *mutagênese insercional* (a inserção de nucleotídios em regiões codificadoras pode alterar a composição dos códons e consequentemente levar à síntese de proteínas diferentes das esperadas), que, ao longo do tempo, é capaz de reduzir o valor adaptativo da descendência devido à perda da integridade celular, e à esterilidade. Os transposons constituem, assim, um risco genômico constante. Se considerarmos que nos mamíferos quase 50% do genoma é constituído de transposons ou remanescentes de transposons, teremos uma ideia do grau acentuado de risco.

A classe piRNA de RNAi também utiliza proteínas AGO para seu funcionamento. Nesse caso, a associação é realizada com membros da subfamília PIWI das proteínas AGO/PIWI (família Argonauta). A inativação dos genes codificadores das proteínas Piwi causa acúmulo de transposons, confirmando seu envolvimento no processo.

Da mesma forma que ocorre com os miRNAs e siRNAs, a biogênese do piRNA pode ser dividida em dois estágios, o primeiro, ocorre no núcleo e o segundo, no citoplasma. No núcleo, os piRNAs são transcritos a partir de regiões distribuídas no genoma, ricas em elementos repetidos, denominadas *clusters de piRNAs*. Essas regiões produzem moléculas unifilamentares longas, por ação da RNase II, que são então processadas no citoplasma para produzir piRNAs maduros.

A produção dos piRNAs, a partir de transcritos precursores de fita única, é uma característica que os diferencia de mi e siRNAs, ambos originados de fitas duplas. O tamanho de suas moléculas é outra diferença, isto é, são maiores, embora os diferentes estudos mencionem tamanhos nem sempre coincidentes, devido ao tamanho estar na dependência da proteína do clado PIWI, ao qual se ligam. Diferem ainda de mi e siRNAs quanto ao fato de que sua sequência não é conservada, isto é, apresentam uma diversidade extraordinária de sequências. Assim, sua complexidade é maior. Dados publicados em 2019 mencionam mais de 173 milhões de sequências únicas de piRNA, descobertas em 21 espécies analisadas! Os piRNAs também não dependem de DICER na sua biogênese e sim de outras enzimas. Contudo comungam com siRNAs e miRNAs o fato, já mencionado, de formarem complexo com proteínas que são membros da família Argonauta, utilizando pequenos RNAs como guias para reconhecimento e clivagem do alvo, da mesma forma que ocorre com os siRNAs e miRNAs em relação às proteínas Ago.

A Figura 16.3 mostra, em esquema, aspectos básicos da biogênese e do mecanismo de ação dos piRNAs. A biogênese dos piRNAs envolve a produção de piRNAs primários a partir do longo transcrito que é o piRNA precursor. Este é exportado para o citoplasma onde a produção dos piRNAs primários ocorre por meio de clivagem devido a uma nuclease denominada *zucchini* (Zuc). O piRNA primário é incorporado na proteína Piwi formando o *complexo piRisc* onde o piRNA atinge seu tamanho normal.

O *complexo piRISC* pode migrar de volta ao núcleo e lá mediar o silenciamento transcricional de elementos transponíveis (TEs). Nesse caso, o piRNA recruta os inibidores DNMT (inibidores de metiltransferases de DNA) ou HDAC (desacetilases da histona), ambos epigenéticos, para o transcrito complementar de TE nascente, causando o bloqueio de sua expressão, respectivamente, por modificações DNA/Histona. No citoplasma, piRISC pode mediar a regulação dos TEs ou mRNAs complementares de outros genes.

Figura 16.3. Esquema sobre piRNA: biogênese e modo de ação. No núcleo, a RNA polimerase II transcreve o piRNA precursor a partir de uma região do cluster de piRNA. O piRNA precursor é exportado para o citoplasma, onde é clivado pela ribonuclease Zuc (Zuccine) produzindo o piRNA primário. Este é incorporado à proteína Piwi, formando o *complexo piRisc* onde o piRNA atinge seu tamanho normal. O complexo piRISC pode migrar de volta ao núcleo e lá mediar o silenciamento transcricional de elementos transponíveis (TEs). No citoplasma, piRISK controla a expressão de TEs ou mRNAs complementares. Nesse caso, o piRNA recruta os DNMT de metiltransferases de DNA ou HDAC (desacetilases da histona), para o transcrito complementar de TE nascente, causando o bloqueio de sua expressão, por modificações DNA/Histona. No citoplasma, piRISC pode mediar a regulação dos TEs ou mRNAs complementares de outros genes. Os piRNAs marcam a sequência do RNA complementar na região UTR 3', levando à degradação do RNA ou à sua inibição traducional.

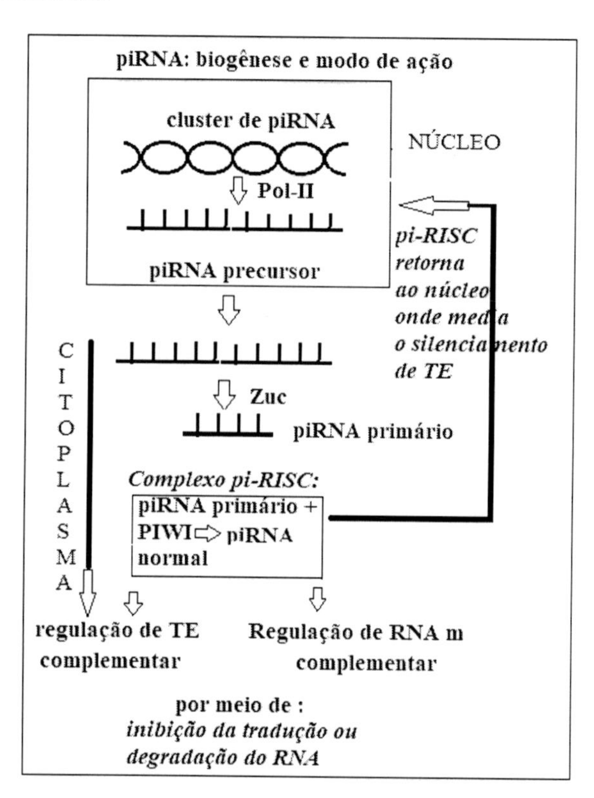

16.4 Aplicações médicas dos RNAs i

A anormalidade funcional dos RNAs i pode ter graves consequências para seus portadores. Doenças como câncer, doenças neurodegenerativas e cardiovasculares estão relacionadas aos miRNAs. Por outro lado, miRNAs circulantes podem ser usados como marcadores biológicos de alta estabilidade. As alterações em microRNAs são dependentes das condições individuais; por isso, essas moléculas apresentam alto potencial de uso na medicina personalizada.

Os miRNAs apresentam a característica de poder atuar como redutores de expressão teoricamente de todos os genes. Quanto aos siRNAs, o fato de que seu efeito é específico, para um só gene, faz com que ele seja uma ferramenta útil para identificação do alvo e desenvolver o tratamento. Como muitas doenças decorrem da expressão de genes portadores de mutações indesejáveis ou da superpexpressão de genes normais, a abordagem terapêutica pode usar esses genes como alvo de siRNAs e miRNAs e assim ter seu efeito anulado.

De acordo com os pesquisadores, em comparação com as moléculas terapêuticas convencionais, esses dois tipos de RNA de interferência oferecem as vantagens de ser altamente potentes e capazes de agir sobre alvos inaccessíveis às moléculas tradicionais.

Colocar em pratica a ação dos RNAs i sintéticos, porém, tem gerado muitos desafios. Alguns desses desafios são comuns às duas classes. Entre estes, incluem-se a pequena estabilidade *in vivo*, dificuldades de liberação na célula e efeitos fora do alvo (*off target*), que não só comprometem o efeito terapêutico como podem causar a morte da célula. No final, porém, tanto si como miRNAs levam ao silenciamento RNAs m cujas sequências lhes são complementares.

Os miRNAs têm aplicação terapêutica mais ampla do que os siRNAs. A maioria dos genes humanos que se expressam e muitos dos quais são responsáveis pela produção de doenças, está sob o controle de miRNAs, o que é sugerido pela presença, nas suas sequências, de pelo menos um sítio conservado de ligação ao miRNA. Isso torna os miRNAs elementos importantes para uso nas estratégias de controle de doenças. miRNAS sintéticos desempenham a mesma função que os miRNAs endógenos (isto é, os produzidos pelas células), mas para isso é preciso que eles usem a mesma via utilizada pelos miRNAs naturais, como associação ao RISC. Mas a sequência guia que é utilizada no miRNA sintético é de 100 a 1000 vezes menos potente do que o miRNA de dupla fita endógeno. Isso tem sido contornado pelo uso de vírus geneticamente modificados, atuando como vetores dos miRNAs sintéticos.

Testes clínicos com siRNA têm sido realizados para tratamento de câncer, doenças cardiovasculares, metabólicas, renais, oculares, virais e de infecções, enquanto o uso de miRNAS está mais voltado para o tratamento de câncer. As diferenças entre ambos favorecem a aplicação de um ou outro em diferentes situações.

Segundo os pesquisadores da área, pode-se dizer que o uso do RNA i na medicina não tem limites, porque a maquinaria de seus processos está presente em todas as células e, assim, potencialmente, todos os genes mutados ou de alguma forma indesejáveis, podem ser usados como alvos do silenciamento, o que faz sonhar com sua ampla aplicabilidade clínica da técnica em um espaço de tempo não muito longo.

16.5 Comentário

O presente capítulo trata da incrível descoberta de alguns RNAs não codificadores que têm a capacidade de parear com RNAs m normais da célula que lhe são complementares, bloqueando-os ou degradando-os, e, dessa forma, *silenciar* os genes correspondentes, sempre em função da necessidade celular. São conhecidos como *pequenos RNAs de interferência*. Em condições anormais, também podem causar problemas de saúde em seus portadores. A possibilidade de síntese em laboratório e outras características favoráveis, como o fato de existirem em todas as células, já têm permitido seu uso em medicina, mas criam grandes esperanças de mais amplo sucesso na aplicação clínica.

16.6 Referências

CHEN, X.; MANGALA, L. S.; RODRIDUEZ-AGUAYO, C. RNA interference-based therapy and its delivery systems. *Cancer Metastasis Rev.*, v. 37, n. 1, p. 107-124, 2018. Disponível em: https://doi.org/10.1007/s10555-017-9717-6. Acesso em: 19 nov. 2023.

DANA, H.; CHALBATANI, G. M.; MAHMOODZADEH, H. *et al.* Molecular Mechanisms and Biological Functions of siRNA. *Int J Biomed Sci.*, v. 13, n. 2, p. 48-57, 2017. Disponível em: https://www.ncbi.nlm.nih.gov/pmc/articles/PMC5542916/. Acesso em: 6 nov. 2023.

O'BRIEN, J.; HAYDER, H.; ZAYED, Y.; PENG, C. Overview of Micro RNA Biogernesis, Mechanisms of Actions, and Circulation. *Front. Endocrinol* (Lausanne),

v. 9, n. 402, 2018. Disponível em: https://doi.org/10.3389/fendo.2018.00402. Acesso em: 6 nov. 2023.

WIKIPEDIA. The Free Encyclopedia. *Piwi-interacting RNA*. Editada em 7 dez. 2021. Disponível em: https://en.wikipedia.org/wiki/Piwi-interacting_RNA. Acesso em: 6 nov. 2023.

WIKIPEDIA. The Free Encyclopedia. *RNA interference*. Editada em 25 out. 2023. Disponível em: https://en.wikipedia.org/wiki/RNA_interference. Acesso em: 6 nov. 2023.

Capítulo 17

MECANISMOS EPIGENÉTICOS NA REGULAÇÃO DA EXPRESSÃO GÊNICA (O QUE SE COME E COMO SE VIVE PODE INTERFERIR NA VIDA DA PROGÊNIE)

17.1 Introdução

Nos capítulos anteriores, vimos uma série de mecanismos de regulação que funcionam devido à presença de sequências específicas de bases nitrogenadas ("motivos"), no DNA e no RNA m. Alterações que eventualmente mudem essas bases ou a sua sequência perturbam seu reconhecimento e, como consequência, interferem na expressão gênica. A *Epigenética* também se refere a mecanismos que alteram a expressão gênica, mas diferentemente do que já vimos, esses mecanismos fazem isso sem que tenha havido mudança das bases nitrogenadas, isto é, o fenótipo altera-se sem modificações do genótipo.

Os *mecanismos de regulação epigenéticos* (MREs) atuam remodelando a cromatina, isto é, causando uma mudança de seu grau de condensação e, assim, eles controlam a acessibilidade dos fatores de transcrição ao DNA e, consequentemente, controlam a transcrição. Por impactar esse processo, os MREs ocupam uma posição fundamental no contexto da regulação gênica e, à medida que o conhecimento evolui, isso se torna uma realidade cada vez mais evidente e empolgante.

Para designar essa forma de atuação, o prefixo "epi", que deriva do grego e significa "acima de" ou "em adição a" foi acrescentado à palavra "genética", resultando na denominação mencionada. Foi Conrad Waddington quem cunhou o termo *epigenetics*, em 1942. Ele definiu adequadamente seu significado como "mudanças no fenótipo sem modificações no genótipo", embora na época não houvesse condições de compreender os mecanismos subjacentes a esses fenômenos.

17.2 Como os MREs se envolvem na vida celular e nos organismos

Os MREs são fundamentais no desenvolvimento dos eucariotos. São eles que conferem às células do embrião, as instruções necessárias para sua especialização tecidual, isto é, sua diferenciação em células nervosas, musculares, glandulares etc. Isso significa que os MREs atuam já nas fases precoces do desenvolvimento embrionário, quando é determinada essa especialização celular. Além da diferenciação celular, outros processos essenciais na formação embrionária, como *a inativação do cromossomo X*, nas fêmeas dos mamíferos e o *imprinting genômico* estão entre os processos ligados à epigenética. Vamos descrever esses dois processos no fim do capítulo.

Os MREs respondem, em qualquer fase da vida do indivíduo, a fatores externos ou ambientais com resultados que podem ser deletérios. Esses fatores incluem a exposição a substâncias nocivas e o estilo de vida, incluindo a dieta e o estresse. A poluição, por exemplo, tem sido considerada um fator que influencia, significativamente, as marcações epigenéticas, levando principalmente ao desenvolvimento de doenças neurodegenerativas. Um dos efeitos de partículas materiais presentes no ar é que elas podem causar distúrbios que afetam a maquinaria mitocondrial. Espécies reativas de oxigênio mitocondrial desencadeiam mecanismos de sinalização que induzem modificações epigenômicas irreversíveis. Denomina-se *epigenoma* ao conjunto de "marcas" químicas que ocorrem no genoma de cada célula e que são atuantes na expressão gênica.

Outros fatores, como a idade e o estado de saúde, podem influenciar a atuação dos MREs. No que se refere ao envelhecimento, além do envolvimento genético, há também um forte impacto dos MREs. O envelhecimento tem sido associado a mudanças epigenéticas que alteram a expressão gênica, a arquitetura do genoma e a *epigenômica*. A possibilidade de reversão dessas mudanças epigenéticas permite antever, também, a chance de retardar ou reverter doenças ligadas a essa fase da vida.

A indicação de *dietas epigenômicas* que visam a beneficiar a saúde pelo estabelecimento de um padrão normal de marcação, faz parte da *nutrigenômica*, área que tem tido um desenvolvimento acentuado, acompanhando as pesquisas científicas. Consta da literatura ligada aos MREs uma informação interessante: a de que os efeitos da poluição sobre os mesmos podem ser controlados pelo uso da vitamina B.

Outra característica importante dos MREs é que eles são herdáveis mitoticamente e meioticamente, isto é, eles passam da célula-mãe para as células-filhas, tanto na divisão das células somáticas (mitose) que formam o corpo dos organismos, como na divisão das células gaméticas (meiose). A primeira forma de herança denomina-se *herança epigenética mitótica* e, a segunda, *herança epigenética meiótica*. Como consequência dessa ultima forma de herança, ocorre a transmissão das modificações causadas pelos MREs para os descendentes, através dos gametas. Há ainda a possibilidade de ocorrer a *herança epigenética transgeracional*, que passa de uma geração para, pelo menos, duas gerações de seus descendentes.

Os tipos de herança epigenética meiótica e epigenética transgeracional referem-se, assim, a marcas epigenéticas herdadas. São marcas que foram produzidas em decorrência de situações ou experiências vividas pelos pais e que são passadas aos descendentes. Essas marcas têm a capacidade de escapar do processo denominado *reprogramação epigenética*, que ocorre normalmente durante a gametogênese e a embriogênese inicial e faz um apagamento total das marcas epigenéticas, tendo como consequência a volta do material genético às características originais dos pais, nos descendentes. A *reprogramação epigenética* é um mecanismo de grande importância, porque as alterações epigenéticas podem ser neutras e adaptativas, mas como mencionado anteriormente, também podem ser prejudiciais e, nesse caso, sua manutenção pode ser desastrosa para os novos embriões.

Muitos estudos demonstraram que as condições de estresse vividas pelos pais podem influenciar a vulnerabilidade dos descendentes a muitas condições adversas de saúde. É incrível imaginarmos que o que comemos ou a forma como vivemos possa influenciar as condições biológicas de nossos descendentes e, ainda, por mais de uma geração! Isso nos remete, de alguma forma, à teoria dos caracteres adquiridos de Lamarck, mas essa é uma discussão para outra oportunidade.

A metilação do DNA e a modificação das histonas são os principais fatores epigenéticos, cujas bases de funcionamento vamos ver a seguir.

17.3. Mecanismos moleculares que mediam a regulação epigenética

17.3.1 A metilação do DNA

A metilação do DNA é considerada o principal mecanismo envolvido na transmissão da herança epigenética. Sendo um mecanismo epigenético, a metilação do DNA pode ser herdada e subsequentemente removida, sem alterar a sequência original de bases da molécula.

A metilação está usualmente associada com inativação gênica. Na metilação do DNA, a regulação da expressão gênica resulta do impedimento direto da ligação dos fatores de transcrição nas suas sequências específicas, para dar início à transcrição. A *maquinaria transcricional* requer contato com a *citosina* para que ocorra sua ligação com a dupla hélice do DNA, mas essa ligação é dificultada pela metilação.

A metilação do DNA é o processo epigenético mais bem conhecido, porque é relativamente mais estável do que os processos que alteram as histonas, e isso facilita seu estudo. Ela ocorre por adição covalente de grupos metil (compostos por um átomo de carbono e três átomos de hidrogêncio — CH_3), principalmente nos resíduos de *citosina* do DNA. Mais precisamente, essa adição ocorre na posição C5 do anel de pirimidina da citosina, convertendo-a em 5-metilcitosina. A metilação do DNA, nessa posição, foi encontrada em todos os vertebrados já estudados (Figura 17.1).

Figura 17.1. A metilação da citosina é realizada pelas enzimas DNMTases (DNA metil transferases), que a tranformam em 5-metilcitosina pela adição do grupo metil na posição C5 do anel de pirimidina da citosina (apontada pela seta).

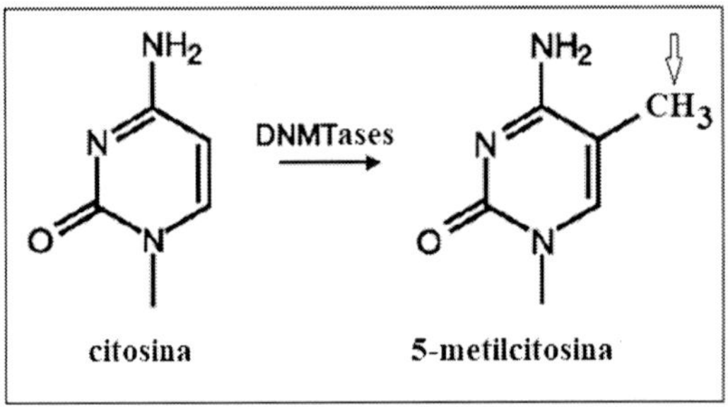

A 5-metilcitosina, decorrente da metilação, age como uma citosina regular pareando com guanina no DNA de fita dupla. A 5-metilcitosina ocorre em cerca de 1,5% do DNA humano. Nos tecidos somáticos do adulto, a metilação do DNA é, predominantemente, encontrada em locais onde ocorrem sítios ou ilhas CpG (citosina-fosfato-guanina). São regiões do genoma onde um nucleotídeo citosina é seguido, na sequência linear e na direção 5'>3', por um nucleotídeo guanina, estando separados apenas por um fosfato (5'CpG3'). Os sítios CpG formam sequências (*clusters*) nas regiões de DNA altamente repetido, como as regiões centroméricas dos cromossomos. Esses *clusters* são denominados ilhas CpG (*CpG Islands*).

Quando a metilação do DNA ocorre no promotor do gene, ela reprime a transcrição. Assim, as ilhas CpG associadas aos promotores dos genes são frequentemente não metiladas, o que faz com que essas regiões permaneçam acessíveis aos fatores de transcrição e às proteínas associadas à cromatina. Isso permite que genes *housekeeping* (genes continuamente transcritos) e muitos genes regulados permaneçam ativos (Figura 17.2).

Figura 17.2. A metilação em sequências do promotor do gene bloqueia sua transcrição pela impossibilidade de acesso da RNA polimerase.

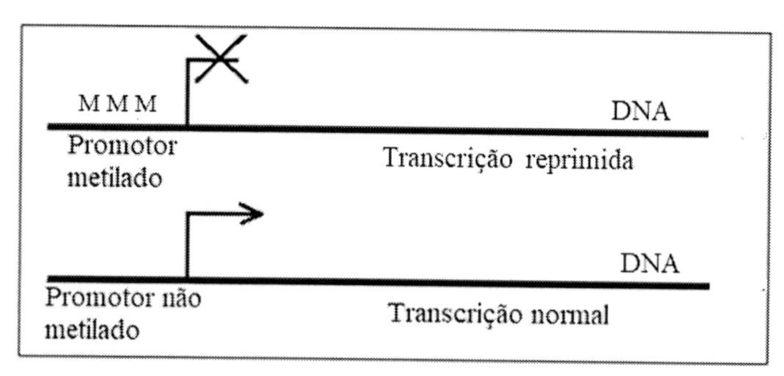

No que se refere às consequências negativas da metilação, tanto a hipo como a hipermetilação do DNA são importantes. No primeiro caso, podem ocorrer: (1) a ativação de genes cancerígenos (oncogenes), que normalmente são silenciados; (2) o aumento da atividade transcricional; e (3) a produção de instabilidade genômica devido a estrutura da cromatina tornar-se menos compacta. Na hipermetilação podem ocorrer: (1) silenciamento de genes supressores de tumores quando sequências reguladoras como *enhancers* ou *regiões promotoras* são afetadas; e (2) mudança na expressão de *isoformas* de transcritos quando promotores alternativos são afetados. Por essas consequências, os padrões aberrantes de metilação do DNA estão bastante envolvidos na produção de tumores humanos.

Calcula-se que entre 60 e 80% das CpGs do genoma humano são metilados, principalmente nas regiões heterocromáticas, o que mostra a importância dessa modificação. Nas regiões eucromáticas, as ilhas CpG não são metiladas, exceto nos genes que atuam nos processos de *inativação do cromossomo X*, no *imprinting genômico* e na *diferenciação tecido-específica*, processos esses que fazem parte da programação normal do desenvolvimento. A metilação nas ilhas CpG é um mecanismo fundamental para a ocorrência e manutenção desses três processos.

A reação de metilação é catalisada por enzimas da família DNA-metiltransferases (*DNMTs*). Nos mamíferos, existem três tipos ativos de DNMTs que estabelecem os padrões de metilação: DNMT3a, DNMT3b e DNMT1.

As enzimas DNMT3a e DNMT3b têm grande afinidade por DNA não metilado. Já DNMT1, que é a forma enzimática mais abundante nas células dos mamíferos, difere de DNME3a e DNMT3b por ter preferência pelo DNA hemimetilado. Assim, as primeiras estabelecem o padrão inicial de metilação, após a fertilização, enquanto DNMT1 é responsável por manter a marcação estabelecida por DNMT3a e DNMT3b, nas células somáticas. Quando ocorre a replicação do DNA, que, como já vimos, é dita semiconservativa, porque os DNAs filhos têm um filamento novo e um velho, a enzima DNMT1 atua no sentido de preservar o padrão de metilação presente nos filamentos originais, reconhecendo as CpGs hemimetiladas e copiando esses padrões de metilação nos filamentos filhos (Figura 17.3). O processo de metilação "de novo" estabelecido por DNMT3a e DNMT3b pode ocorrer nas células-tronco ou em células cancerosas.

Figura 17.3. Manutenção do padrão de metilação na molécula de DNA pela ação da enzima DNMT1. Esta reconhece as ilhas CPG hemimetiladas e transfere o padrão de metilação para os filamentos novos.

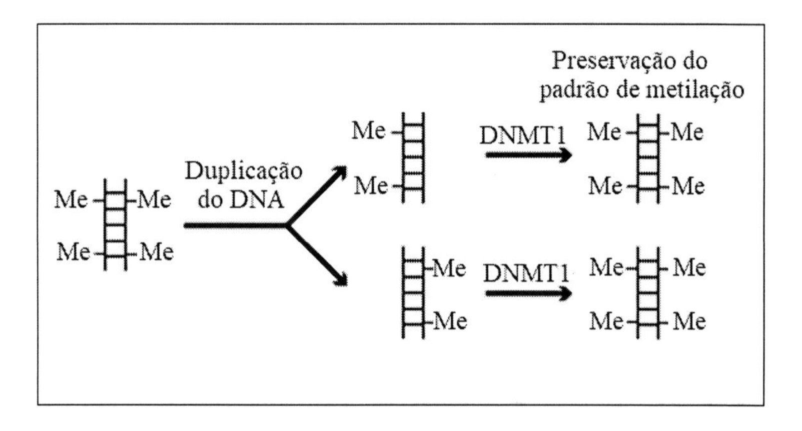

A importância da metilação do DNA no desenvolvimento embrionário dos mamíferos foi demonstrada, em camundongos, pela letalidade causada em caso de *nocaute* (bloqueio) das metiltransferases. A deficiência ou modificação dessas enzimas causa anomalias que levam os embriões dos camundongos à morte. Embriões mutantes para a metiltransferase DNMT1 apresentam apenas 1/3 dos níveis normais de metilação do DNA. Já os mutantes para DNMT3b desenvolvem-se normalmente no início da fase embrionária, mas depois mostram defeitos letais. Os deficientes da enzima DNMT3a podem vir a termo, mas cerca de um mês após o nascimento, mostram tamanho reduzido e também morrem.

Em humanos, a demonstração da importância da metilação do DNA no desenvolvimento do embrião está nas anomalias que resultam de sua alteração. Por exemplo, a hipermetilação da região promotora do gene *FMR1* (*Fragile X Mental Retardation 1*), devido a uma mutação que amplia o número de sítios CpG, causa o silenciamento gênico, isto é, o gene não transcreve. A *Síndrome do X frágil* é caracterizada por retardo mental e outras anomalias.

A metilação do DNA também está relacionada com os fenômenos de repressão de elementos transponíveis. Esses elementos, já mencionados no capítulo anterior, são sequências de DNA que mudam de lugar nos cromossomos. Devido ao seu grande potencial mutagênico, esses elementos são controlados por mecanismos epigenéticos, que os reconhecem e os silenciam. Uma das formas do silenciamento dos elementos móveis é pela metilação das regiões CpG. Contudo há situações em que eles "escapam" do processo, tornando-se ativos.

Já mencionamos que os epigenomas dos mamíferos incluídos nos ovócitos e nos espermatozoides e que apresentam padrões 5-metilcitosina (5mC) são reprogramados no início da embriogênese para restabelecer a situação que garante o desenvolvimento potencial. Essa reprogramação epigenética ocorre por desmetilação do DNA, um mecanismo essencial que deve estar sempre presente com a metilação.

A desmetilação pode ser ativa ou passiva ou ser devida à atuação dos dois processos. A ativa decorre da remoção da 5-metilcitosina pela ação de hidrolases 5mC (5-metilcitosina) da família TET. As hidrolases TET1, TET2 e TET3 ligam-se às regiões ricas em CpG e, por uma série de reações, convertem 5mC (5-metilcitosina) em 5fC (5-formilcitosina) e esta em 5caC (5-carboxilcitosina). A desmetilação passiva ocorre pela ausência da atuação da enzima DNMT1, isto é, da maquinaria de manutenção da metilação nos filamentos novos, em vários rounds de replicação do DNA. Esse processo de desmetilação passivo pode ocorrer, por exemplo, após tratamento com 5-azacitidina, medicamento indicado para vários tipos de patologia, como anemia e leucemia.

17.3.2 Modificações epigenéticas das histonas

Vimos que as histonas são proteínas que se associam ao DNA, formando os nucleossomos que fazem com que o seu filamento tenha o aspecto de colar de contas, quando distendido. Após vários ciclos de enovelamento, o filamento condensa-se, assumindo a forma visível como cromossomo, especialmente na metáfase da divisão celular. A associação entre DNA e proteínas forma o complexo denominado cromatina, que na forma mais condensada é denominada *heterocromatina*, em contraposição à *eucromatina*, que é seu estado de empacotamento frouxo.

Pensava-se, inicialmente, que as histonas atuassem apenas como um esqueleto estático para o empacotamento do DNA. Sabe-se, presentemente, que as histonas são proteínas dinâmicas, passíveis de sofrer vários tipos de modificações que impactam funções nucleares. As modificações pós-transcricionais das histonas são consideradas elementos fundamentais na regulação da expressão gênica.

O acesso permitido ou negado aos fatores de transcrição e outras proteínas de ligação ao DNA é o que caracteriza o estado ativo ou inativo da cromatina, respectivamente. A remodelação da cromatina, que realiza a passagem do estado condensado (transcricionalmente inativo) para o frouxo (transcricionalmente ativo), torna-a acessível aos elementos referidos, atuantes na expressão gênica. A remodelação na direção oposta gera inacessibilidade e, consequentemente, bloqueio da expressão gênica.

Vários mecanismos moleculares causam alterações epigenéticas nas histonas, incluindo metilação, acetilação, fosforilação, ubiquitinização e SUMOilação. Essas modificações das histonas atuam em diversos processos biológicos, como compactação da cromatina, dinâmica dos nucleossomos e transcrição. As marcas epigenéticas ocorrem nos quatro tipos de histonas abrigadas nos nucleossomos. As modificações das histonas afetam sua carga elétrica e a capacidade de se ligar ao DNA para interagir com outras proteínas não histônicas como fatores de transcrição e RNA polimerases. Por exemplo, a metilação das histonas H3 e H4 regulam a atividade das *origens de replicação* do *DNA* (capítulo), enquanto a acetilação altera a estrutura da cromatina afetando a transcrição. Esses processos respondem a estímulos internos e externos. A ocorrência de irregularidades, nesses processos, altera a expressão gênica e tem sido relacionada, frequentemente, com o câncer nos humanos. Essas irregularidades geralmente produzem perda da função ou superexpressão. Além do câncer, as modificações epigenéticas das histonas podem levar ao desenvolvimento de doenças como diabetes e neurodegeneração.

Vejamos algumas características dos diferentes tipos de alteração das histonas:

17.3.2.1 Metilação

O processo de metilação das histonas ocorre de forma semelhante à metilação do DNA, transferindo grupos metil do S-adenosilmetionina (SAM), pelas metiltransferases (HMt), principalmente para os resíduos de lisina ou arginina, e removendo-os pela desmetilase (HDM). As lisinas podem ser mono, di ou trimetiladas. As argininas podem ocorrer em estado monometilado ou dimetilado. As dimetiladas podem ser simétricas ou assimétricas. Juntas, as modificações das argininas e lisinas criam um conjunto enorme de padrões de metilação, fato já mencionado.

A metilação das histonas pode ativar ou reprimir a transcrição, dependendo do local onde ocorreu a modificação, de quantos grupos metil foram adicionados e que enzimas específicas estão presentes. O silenciamento da transcrição promove a formação da heterocromatina

17.3.2.2. Acetilação

A metilação e a acetilação são as formas mais comuns de alteração das histonas. Sua acetilação causa a abertura da cromatina na região alterada e, dessa forma, permite que os fatores de transcrição acessem o DNA da região. O grau de acetilação das histonas é geralmente maior no *promotor* dos genes ativos, podendo afetar o início da transcrição e prolongar a transcrição.

A acetilação realiza um ajuste da estrutura da cromatina mudando a atividade transcricional dos genes. Foi mencionado que a estrutura da cromatina acetilada se torna frouxa, o que caracteriza a ativação da transcrição. Como esperado, quando desacetilada, torna-se mais condensada, relacionando-se com inibição da transcrição. No tumor de mama, a desacetilação inibe os genes supressores de tumores.

O grupo acetil torna a carga elétrica das caudas das histonas acetiladas menos positiva, reduzindo sua afinidade pelo DNA. Está envolvida na regulação de muitos processos celulares, além da transcrição podendo levar ao silenciamento gênico, já mencionados, a progressão do ciclo celular, a apoptose, a diferenciação, a replicação e o reparo do DNA, a importação nuclear e a repressão neuronal.

Duas famílias de enzimas estão envolvidas nesse processo: as acetiltransferases histônicas (HATs) e as desacetilases histônicas (HDACs).

17.3.2.3 Fosforilação

A fosforilação das histonas ocorre, predominantemente, nas suas caudas N-terminais, envolvendo os aminoácidos serina, treonina e tirosina. A fosforilação das histonas também é altamente dinâmica. Os níveis desse processo são controlados por quinases e fosfatases cuja função é, respectivamente, adicionar e remover a modificação. As quinases são um tipo de enzimas que transferem grupos fosfato de moléculas doadoras de alta energia (como o ATP) para moléculas-alvo específicas (substratos). As quinases transferem um grupo fosfato do ATP para o grupo hidroxil da cadeia lateral do aminoácido, adicionando carga negativa à histona, dessa forma influenciando a estrutura da cromatina. A fosforilação das histonas H2B e H3 está envolvida com o reparo do DNA, a mitose e a regulação gênica. Verificou-se que o perfil da modificação epigenética no caso de câncer de mama inclui fosforilação anormal das histonas.

17.3.2.4 Ubiquitinação

As características e o mecanismo de ação são os mesmos vistos para proteínas, no Capítulo 10.

17.3.2.5 SUMOilação

A modificação histônica pós-traducional causada pela SUMOilação envolve a ligação covalente de um elemento da família SUMO aos resíduos de lisinas. A palavra SUMO é derivada de *small ubiquiti-like modifier* e retrata a semelhança entre esse processo e a ubiquitinação. A cascata enzimática envolvida nos dois processos é semelhante, via ação das enzimas E1, E2 e E3. A SUMOilação pode ocorrer nos quatro tipos de histonas presentes no core nucleossômico e tem sido associada com repressão gênica, embora ainda haja necessidade de maiores estudos.

17.4 Remoção das modificações histônicas (*Histone tail clipping*)

As modificações que ocorrem nas caudas N-terminais das histonas podem ser anuladas pela remoção dessas caudas. Esse processo é denominado *tail clipping* (corte da cauda) e já foi identificado em *Tetrahymena* (protozoário, portanto, eucarioto), em levedura e nos mamíferos. Em todos os casos, a observação do fenômeno foi feita em relação à histona H3. No camundongo, a enzima proteolítica que atua no processo é a enzima Catepsina L, que cliva as caudas N-terminais da histona, no processo de diferenciação celular.

17. 5 A inativação do cromossomo X

Apresentamos a seguir para um conhecimento, ainda que superficial algumas informações sobre os processos de *inativação do cromossomo X* e *imprinting genômico*, regulados epigeneticamente. Ambos constituem processos fundamentais no desenvolvimento normal dos mamíferos.

A ***inativação do cromossomo X*** refere-se ao fato de que, em qualquer célula das fêmeas de mamíferos, um elemento do par de cromossomos X está bloqueado funcionalmente. Disso resulta uma equiparação entre as fêmeas e os machos quanto ao número de cromossomos X ativos. Lembremos que, as fêmeas têm um par de cromossomos X (XX) e os machos se caracterizam por terem um só X (XY). A inativação de um X das fêmeas, que ocorre na fase embrionária, faz com que ambos os sexos passem a ter a mesma capacidade de dar origem a produtos derivados desse cromossomo, fenômeno que é conhecido como *compensação de dose*. O cromossomo X inativo das fêmeas é silenciado epigeneticamente, resultando em um alto grau de compactação de sua estrutura cromatínica, que é heterocromática. Ele aparece nas células das fêmeas sob a forma de um corpúsculo chamado corpúsculo de Barr.

Basicamente, o mecanismo de inativação ocorre da seguinte forma: um ncRNA (RNA não codificador) denominado Xist (*X inactive specific transcript*), expresso nas células das fêmeas, recobre fisicamente o cromossomo X a ser inativado e recruta as proteínas silenciadoras PRC1 e PRC2 (*polycomb repressive complexes 1 e 2*). O recrutamento está ligado a marcas específicas nas histonas, como moniubiqutinação da lisina 119 nas histonas H2A e trimetilação das lisinas 27 na histona H3. O silenciamento assim estabelecido é propagado para as células descendentes.

17.6 O *imprinting* genômico

O ***imprinting genômico*** é um mecanismo de regulação que permite, em alguns casos, a expressão de apenas um dos alelos parentais (expressão monoalélica). Esse mecanismo é decorrente do fato de que um dos genes do par sofre o fenômeno epigenético, ainda na linhagem germinativa de um dos pais, isto é, nos espermatozoides ou óvulos, e essa "marca" é mantida nas divisões mitóticas das células somáticas do embrião. O *imprinting* genômico tem sido encontrado em fungos, plantas e animais. Em seres humanos, foram descritos cerca de 100 genes imprintados. No cromossomo 11 humano, existem duas regiões controladoras de *imprinting* (ICR1 e ICR2).

A metilação do DNA é considerada o principal mecanismo de *imprinting*. Alguns processos de *imprinting* genômico mostraram o envolvimento dos lncRNAs. Nesse caso, esses RNAs recrutariam metiltransferases para modificação da histona e metilação do DNA. Também os pequenos RNAs não codificadores têm mostrado a capacidade de ligar modificadores da cromatina a sequências específicas do genoma, podendo, dessa forma, interagir com RNA e DNA.

17.7 Epigenética e patologia

Os estudos têm mostrado de forma crescente, a relação entre doenças e os MREs, de modo que, hoje, eles constituem uma área importante ligada à pesquisa médica. Algumas dessas doenças humanas são graves, como vários tipos de câncer, doenças que causam retardo mental, doenças autoimunes, neuropsiquiátricas e pediátricas. As descobertas nessa área ocorrem de forma tão significativa que, para muitos pesquisadores, o futuro da medicina está na epigenética.

Ao longo deste capítulo, foram mencionadas várias doenças humanas relacionadas com processos epigenéticos anormais. Essas doenças se enquadram em diferentes grupos, como as que causam retardo mental, incluindo, entre outras, as síndromes ATR-X, X frágil, Rett, Beckwith-Wiedemann (BWS), Prader-Willi e Angelman. Outras doenças incluem-se no grupo de doenças autoimunes, como lúpus, neste caso resultante de hipometilação nas células T. Outras são doenças neuropsiquiátricas, como o autismo e esquizofrenia.

Calcula-se que de 2% a 5% das marcas epigenéticas, devidas à metilação, escapam à *reprogramação* e estas são, frequentemente, responsáveis por problemas mentais como esquizofrenia, já mencionada, e transtorno bipolar, por distúrbios metabólicos e obesidade, os quais poderão impactar filhos e netos.

Na verdade, as modificações epigenéticas podem afetar a saúde humana de formas variáveis e inimagináveis, como pode ser observado nos trabalhos publicados na área. Por exemplo, a cicatrização de feridas está ligada aos MREs, uma vez que esses mecanismos são essenciais para manter a homeostase da pele. Outro efeito, bem original, refere-se ao caso de infecções por germes, como *Mycobacterium tuberculosis*, bactéria causadora da tuberculose. Esse germe pode modificar as histonas em algumas das células do sistema imune de seu portador, causando o silenciamento do *gene IL-12B* e enfraquecendo o sistema imune humano. Isso aumenta a sobrevivência do germe.

As modificações das histonas desempenham importante papel na produção de metástase no câncer de mama. Metástase é a capacidade das células cancerosas se espalharem para outras regiões do corpo, formando novos tumores. O câncer de mama é a forma mais comum de câncer entre as mulheres e também a principal causa de morte, exatamente pela formação de metástases. Pensava-se que a mutação na sequência de bases do genoma fosse o fator-chave no aumento do potencial metastático durante a progressão desse tipo de câncer. Pesquisas têm revelado, porém, a importância, nesse processo, da expressão de modificações epigenéticas do DNA.

De acordo com alguns pesquisadores, o que se descortina, com a epigenética, é uma biologia totalmente nova com grandes oportunidades médicas. Contudo, há concordância em que as dificuldades a serem vencidas são ainda consideráveis.

17.8 Comentário

A *epigenética*, de que trata o presente capítulo, tem recebido grande enfoque graças ao melhor conhecimento de seus mecanismos. Esses são capazes de alterar o fenótipo dos organismos, mas são reversíveis, diferentemente das mutações genéticas que envolvem modificação das bases nitrogenadas, que são irreversíveis. As modificações epigenéticas produzem seu efeito atuando somente sobre a estrutura da cromatina, abrindo-a ou fechando-a, e, assim, facilitam ou dificultam sua transcrição. Os efeitos epigenéticos estão ligados geralmente a hábitos não saudáveis e podem ser herdados, afetando mais de uma geração. Várias doenças humanas vinculadas a anomalias desses processos estão em estudo, visando à aplicação.

17.9 Referências

BRUNET, A.; BERGER, S. L. Epigenetics of Aging and Aging-related Disease. *J Gerontol: Series A Biol Sci Med Sci.*, v. 69, Suppl. 1, p. S17-S20, 2014. Disponível em: https://doi.org/10.1093/gerona/glu042. Acesso em: 7 nov. 2023.

GOLBABAPOUR, S.; ABDULLA, M. A.; HAJREZAEI, M. A Concise Review on Epigenetic Regulation: Insight into Molecular Mechanisms ncRNA and epigenetic control. *Int J Mol Sci*, v. 12, n. 12, p. 8661-8694, 2011. Disponível em: https://doi.org/10.3390/ijms12128661. Acesso em: 6 nov. 2023.

LEWIS, C. J.; STEVENSON, A.; FEAR, M. W.; WOOD, F. M. A review of epigenetic regulation in wound healing: Implications for the future of wound care. *The International Journal of Tissue Repair and Regeneration*, v. 28, n. 6, p. 710-718, 2020. Disponível em: https://doi.org/10.1111/wrr.12838. Acesso em: 23 ago. 2023.

MANGIAVACCHI, A.; MORELLI, G.; ORLANDO, V. Behind the scenes: How RNA orquestrates the epigenetic regulation of genes. *Front. Cell. Dev. Biol.*, v. 11, 2023. Disponível em: https://doi.org/10.3389/fcell.2023.1123975. Acesso em: 6 nov. 2023.

RIDER, C. F.; CARLSTEN, C. Air pollution and DNA methylation: effects of exposure in humans. *Clinical Epigenetics*, v. 11, n. 1, p. 131, 2019. Disponível em: https://doi.org/10.1186/s13148-019-0713. Acesso em: 7 nov. 2023.

WIKIPÉDIA. The Free Encyclopedia. *Metilação do ADN*. Revisto em 15 jun. 2022. Disponível em: https://pt.wikipedia.org/wiki/Metila%C3%A7%C3%A3o_do_ADN. Acesso em: 7 nov. 2023.

ZHAO, Z.; SHILATIFARD, A. Epigenetic modifications of histones in cancer. *Genome* Biology, v. 20, n. 1, p. 245, 2019. Disponível em: https://doi.org/10.1186/s13059-019-1870-5. Acesso em: 7 nov. 2023.

Capítulo 18

CONSIDERAÇÕES FINAIS

O reconhecimento do ácido desoxirribonucleico (DNA) como substância da hereditariedade foi, certamente, o mais importante fato científico de todos os tempos. Nada mais nada menos, revelou-se que as moléculas de DNA detêm o "programa" responsável pela existência e manutenção da vida na face da terra. Os "códigos" nele existentes, formados por sequências específicas dos ácidos nucleicos que o compõem, em interação com elementos provenientes dos meios interno e externo das células, comandam o desenvolvimento, a reprodução e a sobrevivência de todos os organismos.

Surpreendentemente, a célula que, ainda em meados do século passado, era considerada portadora de citoplasma e nucleoplasma *oticamente vazios* (cheguei a ensinar isso para meus alunos!), permite visualizar, atualmente, um panorama completamente diferente. Na dependência de técnicas e equipamentos científicos adequados, esse conhecimento foi e vem avançando, agora mais rapidamente, desvendando um miniuniverso celular complexo e impactante.

Hoje, aquelas regiões "oticamente vazias" da célula mostram uma rica estrutura, e uma atividade efervescente, com a ocorrência simultânea de inumeráveis reações, tudo ocorrendo de forma incrivelmente controlada, obedecendo a uma esmerada organização e um ritmo alucinante, certamente impossíveis de copiar, em nossos laboratórios.

O conhecimento dos MRGs veio a reboque. O impulso para seu descobrimento foi dado, inicialmente, pelo acúmulo de informações obtidas em estudos sobre a estrutura e a fisiologia celulares. As informações suscitavam perguntas e indicavam a realização de novos experimentos para respondê-las, formando uma cascata de perguntas e respostas que, aos poucos, foram descortinando a realidade de células altamente controladas, em suas funções, por mecanismos que, no conjunto, receberam esse nome, Mecanismos de Regulação Gênica. Uma cascata que ainda permanece, em virtude do muito que resta por conhecer, nesta área.

No campo da Regulação Gênica, vez por outra, a comunidade científica é surpreendida com um novo componente celular ou com a atuação de um componente já conhecido, que abre novas perspectivas de conhecimento e aplicação. Vários deles, como os RNAs não codificadores, são suficientemente simples para serem copiados em laboratório e adaptados em testes visando à cura de doenças. Essas aplicações já estão trazendo benefícios, que, segundo os especialistas, devem aumentar em um espaço de tempo relativamente curto, tendo em vista o grande número de grupos de pesquisa que abordam esse tema. Doenças graves, como o câncer e muitas outras, estão na mira dessas aplicações.

Conhecer, mesmo superficialmente, um pouco desse universo tão prodigioso pelas formas de atuação e pelas oportunidades que cria, deve fazer parte da curiosidade de muita gente, mesmo porque nossas vidas estão envolvidas nisso.

Esperamos que, no futuro, talvez não tão distante, em que o homem se apoderará dos processos que manipulam a vida, ele seja consciente de seus atos, para benefício de todos.

18.1 Comentário final

No decorrer destes textos, muitas vezes utilizei palavras como mágico, fantástico, incrível, fascinante, surpreendente e vibrante. Essas palavras retratam a admiração que suscita em mim a abordagem de questões relativas aos MRGs. Esses são processos biológicos que, de forma surpreendente, viabilizam o funcionamento celular e, consequentemente, tornam possível a existência dos seres vivos. Tudo nesse nível biológico é, de fato, surpreendente: a engenhosidade dos processos funcionando por códigos, a utilização de "marcas" para reconhecimentos e interações, o controle cuidadoso para que tudo dê certo até o fim, a velocidade incrível em que tudo se processa para atender as exigencias vitais, a organização que permite o funcionamento simultâneo de processos sem que se atrapalhem, tudo ocorrendo no espaço ínfimo de cada célula! Diante desse quadro, que é ainda mais rico do que aqui descrito, é possível dizer que a vida é mesmo um milagre.

Hermione Bicudo
Março de 2024